NCT全国青少年
编程能力等级测试教程

图形化编程

三级

NCT全国青少年编程能力等级测试教程编委会 编著

清华大学出版社
北 京

内 容 简 介

本书依据《青少年编程能力等级》(T/CERACU/AFCEC/SIA/CNYPA 100.2—2019)标准进行编写。本书是 NCT 全国青少年编程能力等级测试备考、命题的重要依据,对 NCT 考试中图形化编程三级测试的命题范围及考查内容做了清晰的讲解。

本书绪论部分对 NCT 全国青少年编程能力等级测试的考试背景、报考说明、备考建议等进行了介绍。全书共包含 14 个专题,其基于 Kitten 工具,对《青少年编程能力等级》标准中图形化编程三级做出了详细解析,提出了青少年需要达到的图形化编程三级标准的能力要求,例如综合应用所学的编程知识和技能,合理地选择数据结构和算法,设计和编写程序解决实际问题,完成复杂项目等。同时,对考试知识点和方法进行了系统性的梳理和说明,并结合真题、模拟题进行了讲解,以便读者更好地理解相关知识。

本书适合参加 NCT 全国青少年编程能力等级测试的考生备考使用,也可作为图形化语言编程初学者的参考用书。

图书在版编目(CIP)数据

NCT 全国青少年编程能力等级测试教程. 图形化编程三级/NCT 全国青少年编程能力等级测试教程编委会编著. —北京:清华大学出版社,2021.3(2021.12 重印)
ISBN 978-7-302-57596-2

Ⅰ. ①N… Ⅱ. ①N… Ⅲ. ①程序设计-青少年读物 Ⅳ. ①TP311.1-49

中国版本图书馆 CIP 数据核字(2021)第 033826 号

责任编辑:赵轶华
封面设计:范裕怀
责任校对:李 梅
责任印制:宋 林

出版发行:清华大学出版社
　　　　　网　　　址:http://www.tup.com.cn,http://www.wqbook.com
　　　　　地　　　址:北京清华大学学研大厦 A 座　　　邮　　编:100084
　　　　　社 总 机:010-62770175　　　邮　　购:010-62786544
　　　　　投稿与读者服务:010-62776969,c-service@tup.tsinghua.edu.cn
　　　　　质量反馈:010-62772015,zhiliang@tup.tsinghua.edu.cn
印 装 者:小森印刷(北京)有限公司
经　　销:全国新华书店
开　　本:185mm×260mm　　　印　张:12.5　　　字　数:243 千字
版　　次:2021 年 3 月第 1 版　　　印　次:2021 年 12 月第 2 次印刷
定　　价:58.00 元

产品编号:088843-01

 **本书编委**

特约主审

樊 磊

编委（按姓氏拼音顺序排序）

蔡键铭　　陈新娜　　陈奕骏　　范裕怀　　高江涛　　胡 月

黄朗恒　　姜 茜　　李 潇　　李兆露　　刘 丹　　刘 洪

刘 茜　　刘天旭　　秦莺飞　　施楚君　　王浩泽　　王洪江

王游鑫　　奚 源　　夏 立　　杨 祺　　张丹枫

前　言

　　NCT 全国青少年编程能力等级测试是国内首个通过全国信息技术标准化技术委员会教育技术分技术委员会（暨教育部教育信息化技术标准委员会）《青少年编程能力等级》标准符合性认证的等级考试项目。它围绕 Kitten、Python 等在国内外拥有广泛用户基础的热门通用编程工具和编程语言，从逻辑思维、计算思维、创造性思维三个方面考查学生的编程能力水平，旨在以专业、完备的测评系统推动标准的落地，以考促学，以评促教。它除了注重学生的编程技术能力之外，更加重视学生的应用能力和创新能力。

　　为了帮助考生顺利备考 NCT 全国青少年编程能力等级测试，由从事 NCT 全国青少年编程能力等级测试试题研究的专家、工作人员及在编程教育行业一线从事命题研究、教学、培训的教师共同精心编写了"NCT 全国青少年编程能力等级测试教程"系列丛书，该丛书共七册。本册为《NCT 全国青少年编程能力等级测试教程——图形化编程三级》。本书是以 NCT 全国青少年编程能力等级测试考生为主要读者对象，适合于考生在考前复习使用，也可以作为相关考试培训班的辅助教材及中小学教师的参考用书。

　　本书绪论部分介绍了考试背景、报考说明、备考建议等内容，建议考生与辅导教师在考试之前务必熟悉此部分内容，避免出现不必要的失误。

　　全书共包含 14 个专题，详细讲解了 NCT 全国青少年编程能力等级测试图形化编程三级的考查内容。每个专题都包含考查方向、考点清单、考点探秘、巩固练习四个板块，其内容和详细作用如下表所示。

固定模块	内　容	详　细　作　用
考查方向	能力考评方向	给出能力考查的五个维度
	知识结构导图	以思维导图的形式展现专题中所有考点和知识点
考点清单	考点评估和考查要求	对考点的重要程度、难度、考查题型及考查要求进行说明，帮助考生合理制订学习计划
	知识梳理	将重要的知识点提炼出来，进行图文讲解并举例说明，帮助考生迅速掌握考试重点
	备考锦囊	考点中易错点、重难点的说明和提示

续表

固定模块	内　　容	详　细　作　用
考点探秘	考题	列举典型例题
	核心考点	列举主要考点
	思路分析	讲解题目解题思路及解题步骤
	考题解答	对考题进行详细分析和解答
	举一反三	针对主要考点进行发散思维练习
巩固练习		学习完每个专题后，考生通过练习巩固知识点

　　书中附录部分的"真题演练"提供了一套真题，并配有答案和解析，供考生进行练习和自测，读者可扫描相应二维码下载真题及参考答案文件。

　　由于编写水平有限，书中难免存在疏漏之处，恳请广大读者批评、指正。

编　者

2020 年 11 月

目 录

目

录

绪 论

（一）考试背景

1．青少年编程能力等级标准

为深入贯彻《新一代人工智能发展规划》和《中国教育现代化 2035》中关于青少年人工智能教育的相关要求，推动青少年编程教育的普及与发展，支持并鼓励青少年树立远大志向，放飞科学梦想，投身创新实践，加强中国科技自主创新能力后备力量的培养，中国软件行业协会、全国高等学校计算机教育研究会、全国高等院校计算机基础教育研究会、中国青少年宫协会四个全国一级社团组织联合立项并发布了《青少年编程能力等级》团体标准第 1 部分和第 2 部分。其中，第 1 部分为图形化编程（一至三级），第 2 部分为 Python 编程（一至四级）。《青少年编程能力等级》作为国内首个衡量青少年编程能力的标准，是指导青少年编程培训与能力测评的重要文件。

表 0-1 为图形化编程能力等级的划分。

表 0-1

等　　级	能 力 要 求	等级划分说明
图形化编程一级	基本图形化编程能力	掌握图形化编程平台的使用，应用顺序、循环、选择三种基本的程序结构，编写结构良好的简单程序，解决简单问题
图形化编程二级	初步程序设计能力	掌握更多的编程知识和技能，能够根据实际问题的需求设计和编写程序，解决复杂问题，创作编程作品，具备一定的计算思维
图形化编程三级	算法设计与应用能力	综合应用所学的编程知识和技能，合理地选择数据结构和算法，设计和编写程序解决实际问题，完成复杂项目，具备良好的计算思维和设计思维

表 0-2 为 Python 编程能力等级的划分。

表 0-2

等　　级	能 力 目 标	等级划分说明
Python 编程一级	基本编程思维	具备以编程逻辑为目标的基本编程能力
Python 编程二级	模块编程思维	具备以函数、模块和类等形式抽象为目标的基本编程能力
Python 编程三级	基本数据思维	具备以数据理解、表达和简单运算为目标的基本编程能力
Python 编程四级	基本算法思维	具备以常见、常用且典型的算法为目标的基本编程能力

《青少年编程能力等级》中共包含图形化编程能力要求 103 项，Python 编程能力要求 48 项。《青少年编程能力等级标准》第 1 部分详情请参见附录 A。

2．NCT 全国青少年编程能力等级测试

NCT 全国青少年编程能力等级测试是国内首个通过全国信息技术标准化技术委员会教育技术分技术委员会（暨教育部教育信息化技术标准委员会）《青少年编程能力等级》标准符合性认证的等级考试项目。它围绕 Kitten、Python 等在国内外拥有广泛用户基础的热门通用编程工具和编程语言，从逻辑思维、计算思维、创造性思维三个方面考查学生的编程能力水平，旨在以专业、完备的测评系统推动标准的落地，以考促学，以评促教。它除了注重学生的编程技术能力之外，更加重视学生的应用能力和创新能力。

NCT 全国青少年编程能力等级测试分为图形化编程（一至三级）和 Python 编程（一至四级）。

（二）图形化编程三级报考说明

1．报考指南

考生可以登录 NCT 全国青少年编程能力等级测试的官方网站，了解更多信息，并进行考试流程演练。

（1）报考对象

① 面向人群：年龄为 8 ~ 18 周岁，年级为小学三年级至高中三年级的青少年群体。

② 面向机构：中小学校、中小学阶段线上及线下社会培训机构、各地电化教育馆、少年宫、科技馆。

（2）考试方式

① 上机考试。

② 考试工具：Kitten 编辑器。

（3）考试合格标准

满分为 100 分。60 分及以上为合格，90 分及以上为优秀，具体以组委会公布的信息为准。

（4）考试成绩查询

可登录 NCT 全国青少年编程能力等级测试官方网站查询，最终成绩以组委会公布的信息为准。

（5）对考试成绩有异议可以申请查询

成绩公布后 3 日内，如果考生对考试成绩存在异议，可按照组委会的指引发送异议信息到组委会官方邮箱。

（6）考试设备要求

考试设备要求如表 0-3 所示。

表 0-3

项 目		最 低 要 求	推 荐
硬件	键盘、鼠标	必须配备	
	前置摄像头		
	麦克风		
	内存	1GB 以上	4GB 以上
软件	操作系统	PC：Windows 7 或以上 苹果计算机：Mac OS X 10.9 Mavericks 或以上	PC：Windows 10 苹果计算机：Mac OS X El Capitan 10.11 以上
	浏览器	谷歌浏览器 Chrome v55 或以上版本（最新版本下载：NCT 全国青少年编程能力等级测试官方网站→考前准备→软件下载）	谷歌浏览器 Chrome v79 及以上或最新版本（最新版本下载：NCT 全国青少年编程能力等级测试官方网站→考前准备→软件下载）
	网络	下行：1Mbps 以上 上行：1Mbps 以上	下行：10Mbps 以上 上行：10Mbps 以上

注：最低要求为保证基本功能可用，考试中可能会出现卡顿、加载缓慢等情况。

2．题型介绍

图形化编程三级考试时长为 90 分钟，卷面分值为 100 分。题型、题量及分值分配如表 0-4 所示。

表 0-4

题 型	每题分值／分	题目数量	总分值／分
单项选择题	2	9	18
填空题	5	5	25
操作题 1	10	1	10
操作题 2	17	1	17
操作题 3	30	1	30

1）单项选择题

（1）考查方式

根据题干描述，从 4 个选项中选择最合理的一项。

（2）评分细则

系统评分，选择唯一且正确的选项，答对每题得 2 分，答错不得分，共 9 题，总分值为 18 分。

（3）例题

阿短想要做一个简易的记账程序，可以输入每天花费的钱数（如 0、10 或 15.4 等不小于 0 的数），并可以查看每月的总花费。于是小加帮他做了需求分析，如表 0-5 所示，则表格中的①②③处应分别填写（　　　　）。

表　0-5

记 账 程 序	
需求 1	有输入按钮，单击可以输入数据，输入的数据需为___①___
需求 2	每次输入数据，都会相应获取___②___时间，并自动累计当月花费
需求 3	有___③___按钮，可以查询每月的总花费

A．①整数；②当前；③删除

B．①负数；②每天；③查询

C．① 5 的倍数；②当前；③删除

D．①非负数；②当前；③查询

答案：D

2）填空题

（1）考查方式

根据题干描述，在横线处填写最符合题意的答案。答题过程中请仔细阅读题目给出的注意事项，如"仅填写数字，勿填写其他文字或字符"。

（2）评分细则

系统评分，填写唯一且正确的答案，答对每题得 5 分，答错不得分，共 5 题，总分值为 25 分。

（3）例题

运行图 0-1 所示的脚本，新建对话框输出的值是_____。

注：仅填写数字，勿填写其他文字或字符。

图　0-1

答案：628

3）操作题 1

（1）考查方式

题干给出程序的预期效果及相应分值，考生按照要求对预置程序进行拼接、修改和调试。

（2）评分细则

共 1 题，总分值为 10 分。由阅卷老师按照步骤，根据程序及程序运行效果，分步给分。

（3）例题

程序的预期效果如下。

a．单击角色"机器人"，角色提示"请输入 5 个整数，并以英文逗号隔开"，如图 0-2 所示，然后可以获得用户输入。若用户输入的不是 5 个整数，则提示需要重新输入，并再次获得用户输入。

b．当用户输入 5 个整数后，去除一个最低分和一个最高分，求出剩余 3 个数的平均值，将平均值四舍五入，得出最终的分数。然后角色"小可"以对话的形式显示最终的得分，输出格式为"最终得分为××"。

例如，输入：1,2,3,4,5，对话显示"最终得分为 3"；输入：12345，对话显示"输入的不是 5 个数据，请重新输入"。

然而，运行程序时出现了一些问题。请根据要求按下列顺序完善程序。

图　0-2

① 角色"机器人"的脚本散开，如图 0-3 所示，请正确拼接，以实现效果 a；

② 角色"小可"的脚本存在一些问题，请进行修复，以实现效果 b。

扫描二维码下载文件：绪论操作题 1 预置文件。

图　0-3

4）操作题 2

（1）考查方式

题干给出程序的预期效果及相应分值，考生须按照要求进行编程和创作。

（2）评分细则

共 1 题，总分值为 17 分。由阅卷老师按照步骤，根据程序及程序运行效果，分步给分。

（3）例题

柱状图常用来比较各组数据之间的差别，如图 0-4 所示。

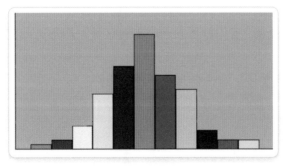

图　0-4

请你根据以下要求编写一个程序，用于绘制简单的柱状图。

① 程序运行后，绘制两条相互垂直的数轴，数轴走向如图 0-5 所示。

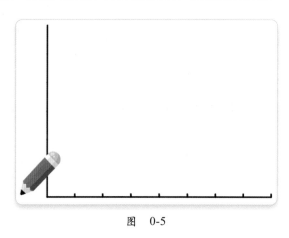

图　0-5

② 数轴绘制完毕，提示用户输入数据，并获得 4 次数值输入；输入的数据用列表实时显示在舞台区域。

③ 绘制 4 个数据的柱状图。按照数据输入顺序，从左向右绘制柱子，所有柱子宽度一致，在横轴上均匀分布且颜色各不相同（颜色自定）；每绘制完一根柱子，都在其上方显示对应的数值。图 0-6 为两组不同数据所绘制出的柱状图。

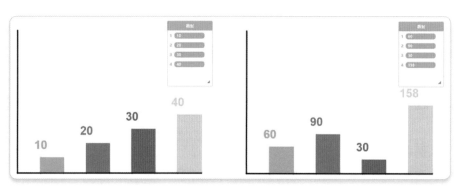

图　0-6

④ 图形无多余线条，且完整地显示在舞台区域。图形绘制完毕，画笔隐藏。

扫描二维码下载文件：绪论操作题 2 预置文件。

5）操作题 3

（1）考查方式

题干给出程序的预期效果及相应分值，考生按照要求进行编程和创作。

（2）评分细则

共 1 题，总分值为 30 分。由阅卷老师按照步骤，根据程序及程序运行效果，分步给分。

（3）例题

源码书店的书库管理员想要使用一个图书管理程序来提升图书的入库效率。请你按照以下要求帮助管理员设计程序。

① 可以录入图书的名称、作者及价格。

② 可以根据图书名称查询图书对应的作者和价格；也可以根据作者查询出该作者的所有图书和图书对应的价格。

③ 可以对图书信息进行修改，包括图书名称、作者和价格；修改信息后，可以提示修改的内容。

④ 可以删除某一图书的所有信息。

⑤ 在角色"操作说明"中添加程序的操作说明。

⑥ 角色设计美观，界面布局合理、简洁；程序操作方便。

扫描二维码下载文件：绪论操作题 3 预置文件。

（三）备考建议

NCT 全国青少年编程能力等级测试——图形化编程三级考查内容依据《青少年编程能力等级标准》第 1 部分图形化编程三级制定。本书的专题与标准中的能力要求相对应，相关的对应关系及建议学习时长如表 0-6 所示。

表 0-6

编号	名 称	能 力 要 求	对 应 专 题	建议学习时长/小时
1	列表	掌握列表数据结构，能够使用算法完成数据处理，能够使用个性化索引建立结构化数据	专题 1 列表	2
2	函数	掌握带返回值的函数的创建与调用	专题 2 函数	2
3	克隆	掌握克隆的高级功能，能够在程序中综合应用 例如：克隆体的私有变量	专题 3 克隆	2
4	常用编程算法	掌握常用编程算法，对编程算法产生兴趣	专题 4 常用编程算法	3
5	递归调用	掌握递归调用的概念，并能够使用递归调用解决相关问题	专题 5 递归调用	3

编号	名　称	能 力 要 求	对 应 专 题	建议学习时长/小时
6	人工智能基本概念	了解人工智能的基本概念，能够使用人工智能相关指令模块实现相应功能，体验人工智能 例如：能够使用图像识别指令模块完成人脸识别；能够使用语音识别或语音合成指令模块	专题6　人工智能	2
7	数据可视化	掌握绘制折线图和柱状图的方法	专题7　数据可视化	3
8	项目分析	掌握项目分析的基本思路和方法	专题8　项目分析	2
9	角色造型及交互设计	掌握角色造型和交互设计的技巧	专题9　角色造型及交互设计	1.5
10	程序模块化设计	了解程序模块化设计的思想，能够根据角色设计确定角色功能点，综合应用已掌握的编程知识与技能，对多角色程序进行模块化设计 例如：将实现同一功能的脚本放在一起，便于理解程序逻辑	专题10　程序模块化设计	2
11	程序调试	掌握参数输出等基本程序调试方法，能够有意识地设计程序断点 例如：通过舞台显示的程序运行参数，快速定位错误对应的角色及脚本	专题11　程序调试	2
12	流程图	掌握流程图的概念，能够绘制流程图，使用流程图分析和设计程序、表示算法	专题12　流程图	1.5
13	知识产权与信息安全	掌握知识产权和信息安全的相关知识，具备良好的知识产权和信息安全意识	专题13　知识产权与信息安全	0.5
14	虚拟社区中的道德与礼仪	掌握虚拟社区中的道德与礼仪，具备一定的信息鉴别能力，能够通过信息来源等鉴别网络信息的真伪 例如：区分广告与有用信息，宣扬正能量，而不散播错误信息	专题14　虚拟社区中的道德与礼仪	0.5

专题1

列　　表

　　列表是一种基本的数据结构，可以用来存储多项数据，并对这些数据进行查找、提取、修改等操作。列表也可以用来存储列表，这被称为列表的嵌套。合理运用列表的嵌套功能，可以更加高效、方便地管理大量数据。

考查方向

★ 能力考评方向

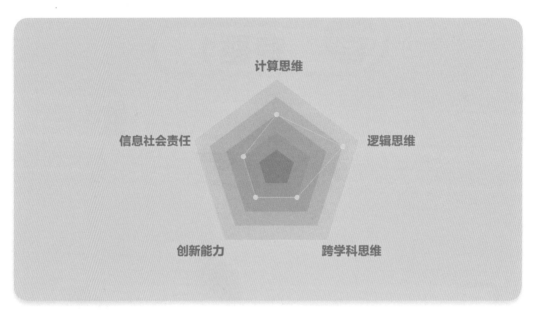

★ 知识结构导图

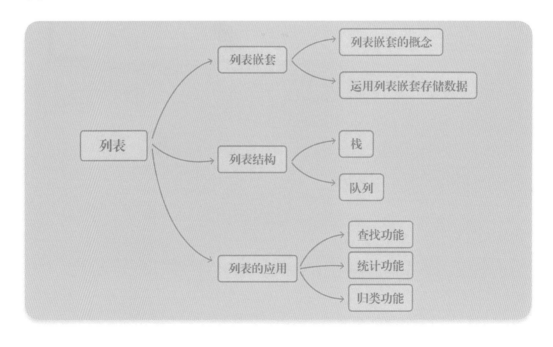

考点清单

考点 1　列表嵌套

考点评估		考查要求
重要程度	★★★☆☆	1．理解列表嵌套的概念；
难度	★★★★★	2．在编写程序时能够使用列表嵌套来实现程
考查题型	选择题、填空题、操作题	序效果

（一）列表嵌套的概念

　　列表是由一系列按特定顺序排列的元素组成的，这些元素也被称为项。列表中的项可以是数字、字符串、布尔值或另一个列表，同一列表中不同元素的数据类型可以不同。将一个列表作为另一个列表的元素来存储就是列表嵌套，如图 1-1 所示。

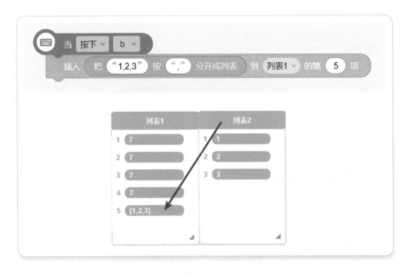

图　1-1

（二）运用列表嵌套存储数据

　　运用列表嵌套可以将多个列表的数据存储在一个列表中，如图 1-2 所示。这样可以在编写程序的过程中有条理地显示数据，也便于修改。

专题 1

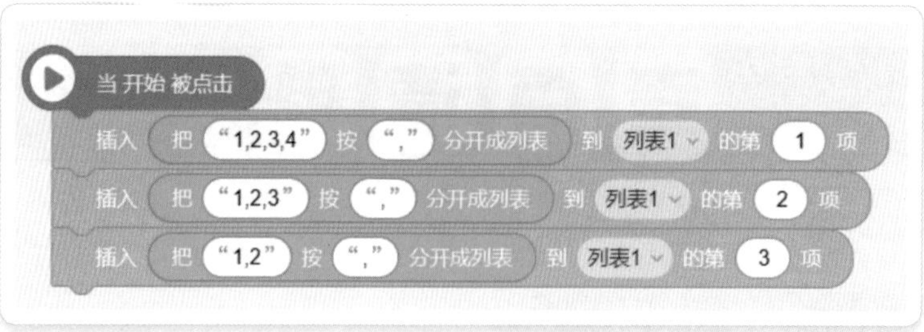

图　1-2

按照图 1-2 所示的方式创建嵌套列表时，如果要查看内层列表的内容，需要将它复制到新的列表中。如图 1-3 所示，在用户输入要查看的项数后，将列表 1 中对应的内层列表复制列表 2 中进行查看。

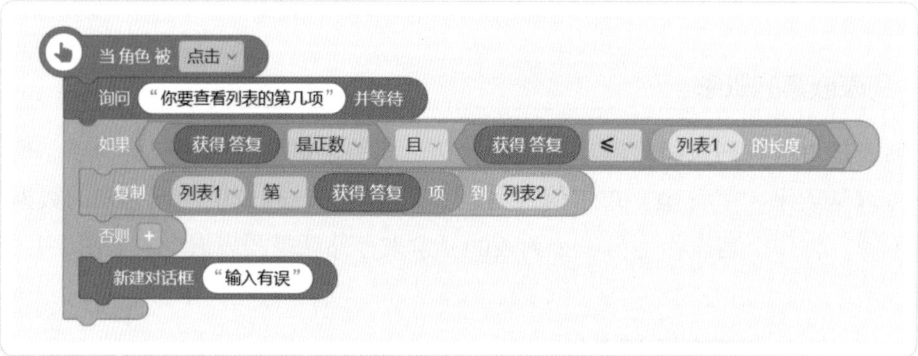

图　1-3

如果要修改嵌套列表中的内层列表，可直接用新数据替换原数据，如图 1-4 所示。

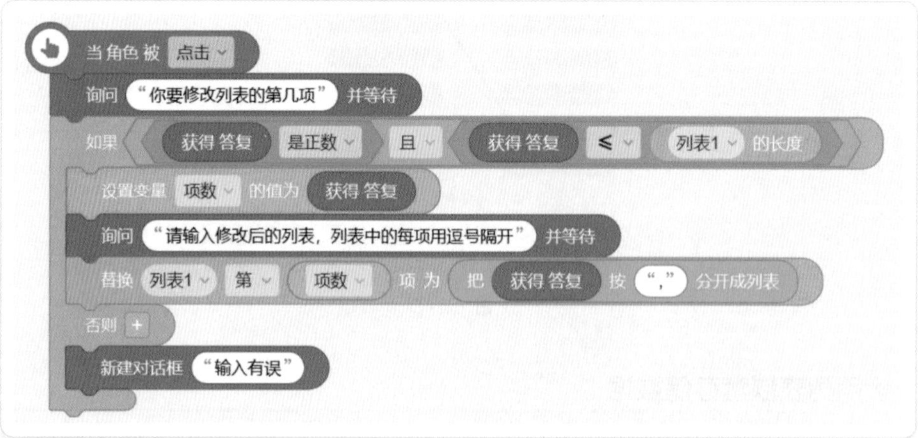

图　1-4

考点 2　列表结构

考点评估		考查要求
重要程度	★★★★☆	1. 理解栈和队列的特点；
难度	★★★★★	2. 能够使用列表实现队列的增删；
考查题型	选择题、填空题、操作题	3. 能够使用列表实现栈的增删

（一）栈

栈是指只能在一端进行插入或删除操作的数据类型。栈的操作端叫作栈顶。栈按照"后进先出"的方式处理结点数据，如图 1-5 所示。栈的插入和删除操作被称为入栈和出栈。

栈中数据的增加和删除就像对一摞书籍进行操作一样，每次只能从最上方放置或拿走书籍，如图 1-6 所示。

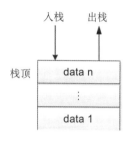

图　1-5

图　1-6

利用列表实现栈的操作时，为了保证从列表中取走和放入数据时不会影响其他数据，可以将列表的最后一项视为栈顶，每次取走的数据都是第"列表长度"项，如图 1-7 所示。

图 1-7

（二）队列

和栈不同，队列仅允许在表的一端进行插入，而在表的另一端进行删除。在队列中，插入数据元素的一端被称为队尾，取出／删除数据元素的一端被称为队首。

向队尾插入元素称为入队或进队，新的元素入队后，会成为新的队尾；从队列中删除元素称为出队或离队，元素出队后，原列表中的第二个元素会成为新的队首，如图 1-8 所示。

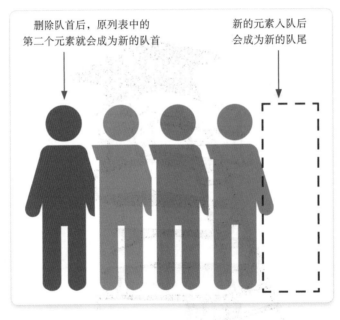

删除队首后，原列表中的
第二个元素就会成为新的队首

新的元素入队后
会成为新的队尾

图 1-8

由于队列的插入和删除操作分别在队尾和队首进行，每个元素必然按照进入的顺序离队，也就是说，先进队的元素必然先离队，所以队列也被称为"先进先出"表。

利用列表实现队列时，为了保证队列结构的稳定，我们可以将列表的第一项视为队首，将列表的最后一项视为队尾。添加元素的时候将新添加的元素添加至列表末尾，删除元素的时候则删除列表的第一项，如图 1-9 所示。

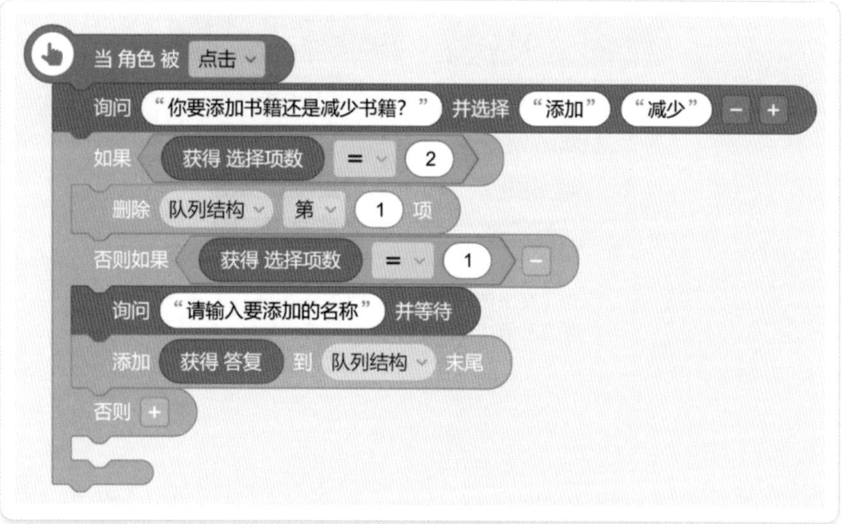

图 1-9

考点3 列表的应用

考点评估		考查要求
重要程度	★★★☆☆	1. 使用列表实现查找功能;
难度	★★★★★	2. 使用列表实现统计功能;
考查题型	选择题、填空题、操作题	3. 使用列表实现归类功能

(一)查找功能

利用列表的各种特性,我们不仅可以在列表中存储数据,还可以利用列表实现查找功能,从存储的数据中获得想要的信息。

将两个或两个以上长度相同的列表中每一项的数据进行相互匹配,也就是将一个列表内的每一项数据和另一个列表中相同位置的数据建立一一对应的关系,这样只需要知道一个列表中的数据和位置就可以获得另一个列表中的数据,这就是列表的查找功能。

如图 1-10 所示,以学校中学生的姓名与学号为例,每个学生都有自己对应的学号,通过学号又可以查找到对应学生的姓名,学生的姓名和学号保存在两个列表中,并且因为不会出现只有姓名没有学号或只有学号没有姓名的情况,所以两个列表的长度一定是相同的。

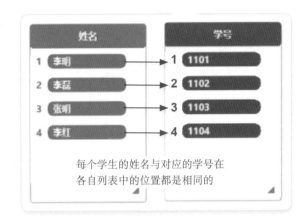

图　1-10

可以通过学生姓名在姓名列表中的位置，在学号列表中获得该学生的学号，或者通过学号列表中学号的位置来查看相应学生的姓名，如图 1-11 所示。

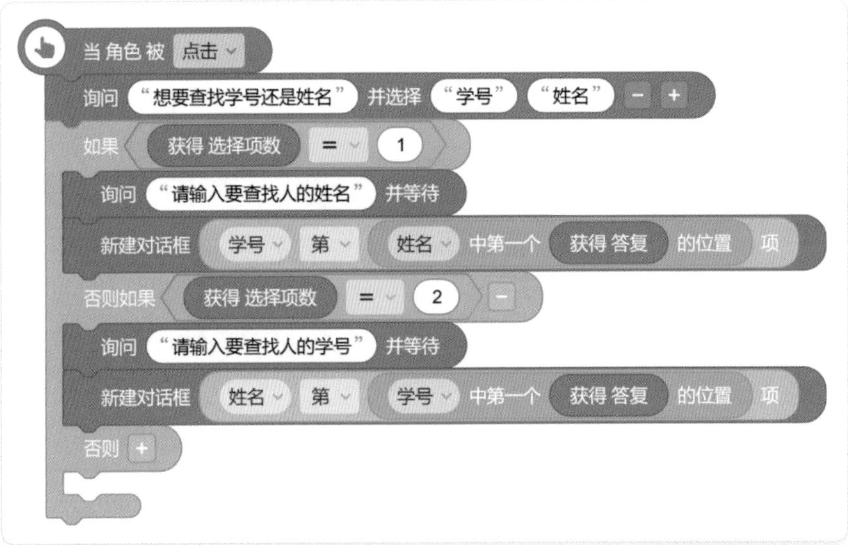

图　1-11

（二）统计功能

有时候，不同列表的数据之间并不是一一对应的关系，有些数据可能会与多个内容相对应。如图 1-12 所示，姓名列表中保存了若干学生的姓名，他们的性别只有"男""女"。

这时就可以通过新建另一个列表来描述姓名和性别之间的关系。根据性别列表中"女"和"男"的位置，将女生标记为 1，男生标记为 2。新建标记列表，描述各学生的性别。如图 1-13 所示，红红的性别为女，而绿绿的性别为男。

图　　1-12

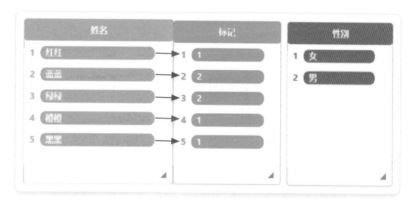

图　　1-13

这时，遍历"标记"列表就可以统计出不同性别的学生的数量。如图 1-14 所示，将在姓名列表中被描述为 1 的姓名添加到女生列表中，将被描述为 2 的姓名添加到男生列表中。

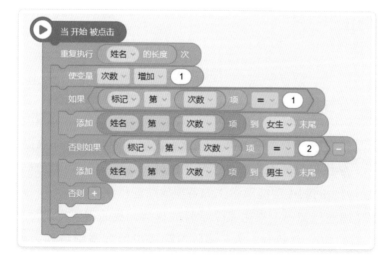

图　　1-14

单击"开始"后，运行结果如图 1-15 所示。

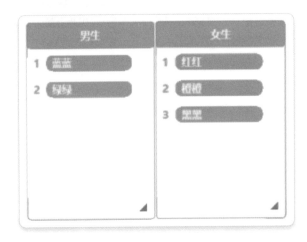

图　1-15

在将男生与女生的姓名分别添加到两个列表中后，就可以通过每个列表的长度来统计该校男生和女生的数量了，如图 1-16 所示。

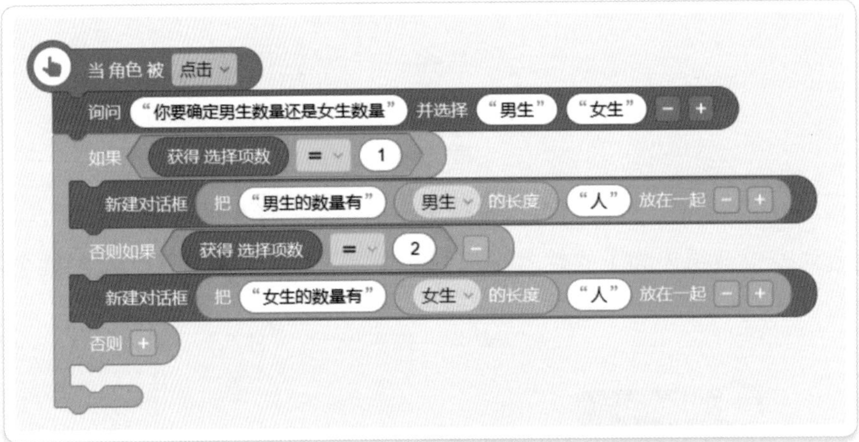

图　1-16

（三）归类功能

归类功能是指将嵌套列表中的某一元素（内层列表）的全部数据展开并分类。如图 1-17 所示，学生信息列表中存储了学生的姓名，成绩列表中存储了学生的所有成绩。下面使用列表的归类功能对学生的各项成绩进行分类。

为了能够精确地得知每个学生某个学科的成绩，我们需要将成绩列表中的项重新展开到一个空的临时列表中，然后将临时列表中的项与学科列表的项对应，如图 1-18 所示。把列表嵌套中的数据单独提取出来，可以避免更改原有的列表。

专题
1

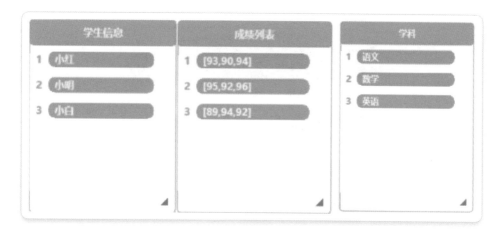

图 1-17

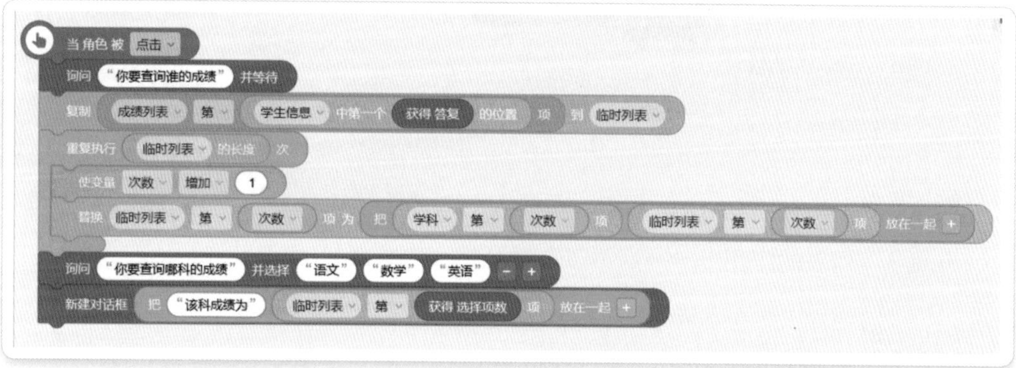

图 1-18

考点探秘

考题 1

图 1-19 所示的脚本使用列表实现了队列的数据结构。运行脚本后，列表"队列"中的数据是（　　）。

A．1,2,3,4,5,6,7

B．7,6,5,4,3,2

C．3,4,5,6,7

D．7,6,5,4,3

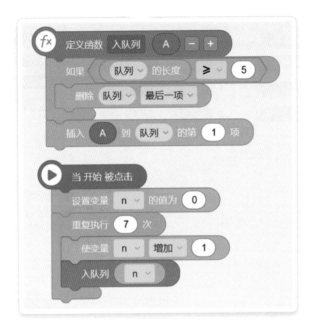

图 1-19

※ 核心考点

考点 3 列表的应用

※ 思路分析

本题考查考生对队列列表进行增加或删除的能力，以及对函数的运用。

※ 考题解答

该题中，"入队列"函数在列表长度小于 5 之前，只会入队，而当列表长度大于或等于 5 之后，则会在入队前将队首的元素删去，所以列表的长度最多只能是 5，因此排除选项 A 和选项 B。观察程序可以得知，"入队列"函数的参数应该是从 1 到 7，函数会将参数插入到队列的第一项，所以最终队列元素的大小是递减的，故选 D。

> ## 考题 2

2019 年 1 月，上海市第十五届人民代表大会第二次会议表决通过了《上海市生活垃圾管理条例》，并于 2019 年 7 月 1 日起正式施行。为了在小区内向居民有效地普及垃圾分类相关知识，小可编写了一个学习垃圾分类知识的程序。

小可创建了如图 1-20 所示的数据结构来存储垃圾名称及垃圾类别的信息。运行程序脚本，输入"鱼骨"，新建对话框输出的是（ ）。

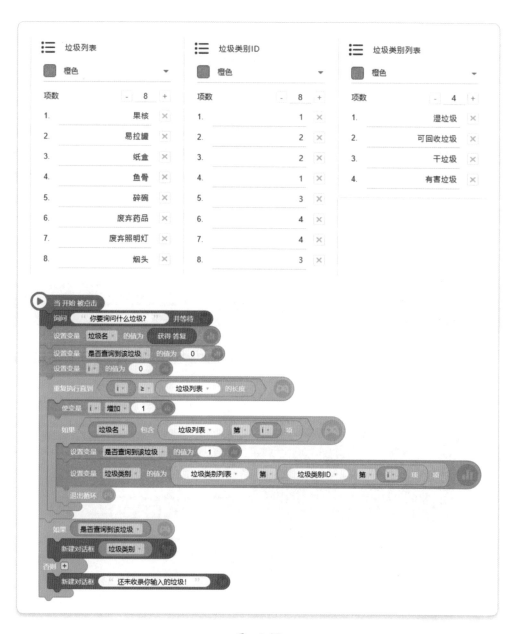

图　1-20

A．湿垃圾

B．干垃圾

C．有害垃圾

D．还未收录你输入的垃圾！

※ **核心考点**

考点 3：列表的应用

※ **思路分析**

考查考生阅读程序的能力，以及对列表归类的整理能力。

※ **考题解答**

仔细分析本题的程序可以看出，本题主要是考查运用归类功能来确定输入的垃圾名称类别的能力。根据"垃圾列表"中的内容，我们可以定位到"鱼骨"对应的位置为列表的第四项，然后在"垃圾类别ID"列表中找到对应的ID为1，得到ID之后在对应的"垃圾类别列表"中就可以得知垃圾的种类为第一项——湿垃圾，所以选A。

巩固练习

"列表A"初始为空列表，运行图1-21所示的脚本，"列表A"不可能输出的是（　　）。

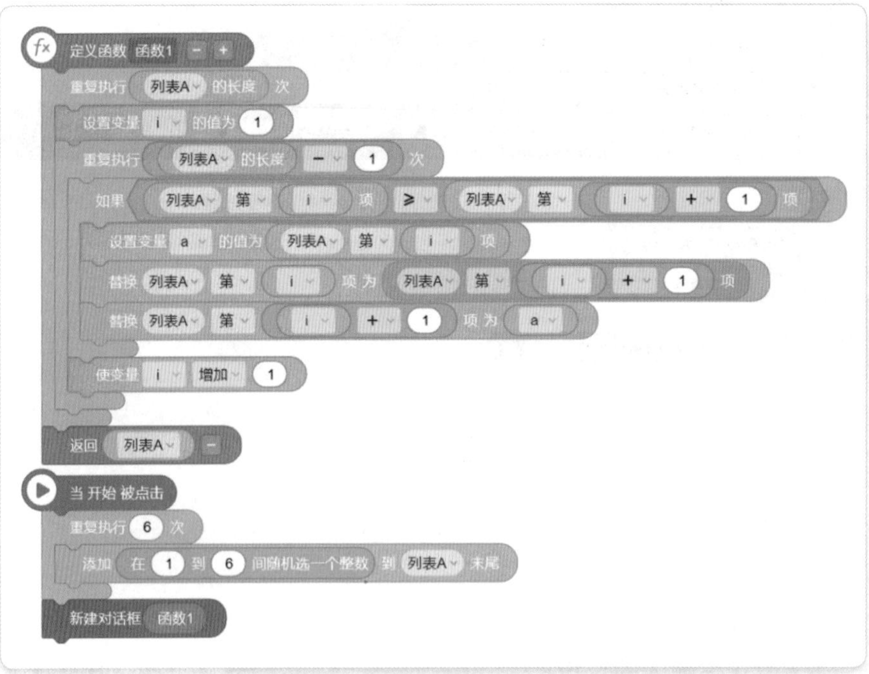

图 1-21

A．2,2,2,3,3,4　　　　　　　B．1,2,3,4,5,6

C．2,2,1,3,6,5　　　　　　　D．4,4,5,5,6,6

专题2

函　数

　　在图形化二级教程中我们已经介绍了函数的简单使用方法，本专题将进行一些进阶尝试。比如调用带返回值的函数、调用函数去实现更复杂的功能或优化程序作品等。

考查方向

⭐ 能力考评方向

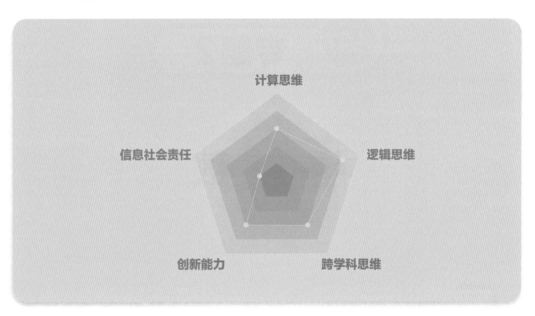

⭐ 知识结构导图

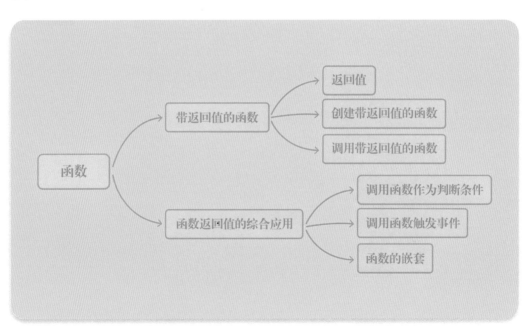

考点清单

 考点 1　带返回值的函数

考点评估		考查要求
重要程度	★★★★☆	1. 了解返回值的概念与作用；
难度	★★☆☆☆	2. 能够创建带返回值的函数；
考查题型	选择题、填空题、操作题	3. 能够调用函数返回值

（一）返回值

函数返回值就是一个函数运行后返回的数值结果，可以用来获取该函数的执行结果。

函数既可以有返回值，也可以没有返回值。无返回值的函数执行函数内部的积木程序后并不会返回一个数据。有返回值的函数，其返回的值可以用于程序的输出或调用。

（二）创建带返回值的函数

一般情况下创建的函数默认无返回值，如果需要返回值，则需要添加"返回"积木。如图 2-1 所示，该函数的返回值为 0。

图　2-1

以函数"随机数"为例，可以通过"返回"积木直接返回该函数运算的结果，如图 2-2 所示。

图　2-2

函数也可以有多个返回值积木，但在一次运行过程中只能返回一个值，如图 2-3 所示。

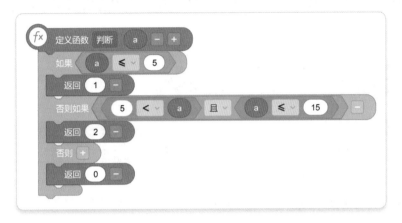

图　　2-3

（三）调用带返回值的函数

函数定义完成后，在程序其他部分中使用该函数就是函数的"调用"。定义函数并设置参数及返回值后，会在源码编辑器中出现调用函数的积木，如图 2-4 所示。在程序其他部分中使用该函数的返回值，就是调用带返回值的函数。

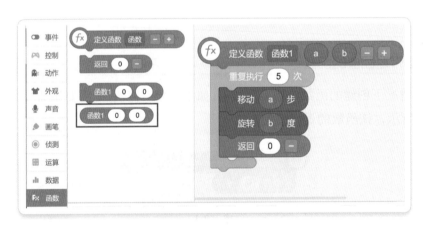

图　　2-4

以图 2-5 中的程序为例，调用函数"随机数"后，会根据输入的两个参数"起始值"和"结束值"，返回一个函数的运算结果，并最终以对话框的形式输出该函数的返回值。

函数的返回值不仅可以是数字类型，还可以是字符串类型、布尔值类型等，也可以将运算积木运算后的结果作为返回值。

图 2-5

1．字符串类型的返回值

如图 2-6 所示，函数的返回值可以是字符串类型。

2．布尔值类型的返回值

如图 2-7 所示，函数的返回值可以是布尔值类型。

图 2-6

图 2-7

3．将运算积木运算后的结果作为返回值

如图 2-8 所示，将运算积木运算后的结果作为返回值。

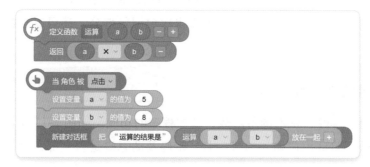

图 2-8

考点 2 函数返回值的综合应用

考点评估		考查要求
重要程度	★★★★☆	1. 能够调用函数作为判断条件；
难度	★★★☆☆	2. 能够调用函数触发事件；
考查题型	选择题、填空题、操作题	3. 能够实现函数的嵌套

（一）调用函数作为判断条件

可以将函数的返回值作为程序的判断条件。如图 2-9 所示，当角色被单击后，要求输入一个大于 30 的数字，当输入的数字大于 30 时，函数返回"成立"，新建对话框显示"输入正确"；若输入的数字小于或等于 30 时，函数返回"不成立"，新建对话框显示"输入错误"。

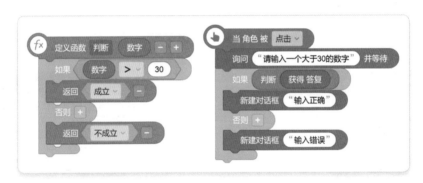

图　2-9

还可以将函数的返回值与"判断—比较"积木相结合，作为程序的判断条件。这样做的优势是可以将复杂的判断程序与主程序分开，增加程序的可读性，方便程序的检查与修改。

如图 2-10 所示，调用"得分判定"函数，当倒计时等于 0 时，判断函数的返回值，并输出对应的结果。这样不仅可以根据点击次数记录得分，还可以根据得分输出相应的提示。

（二）调用函数触发事件

可以使用"事件"积木调用函数，增加程序的功能。如图 2-11 所示，通过"用户登录"函数，验证用户输入的账户名、密码及动态码是否全部正确。使用事件积木"当"调用函数"用户登录"，当函数返回值为"成立"时，显示成功登录。

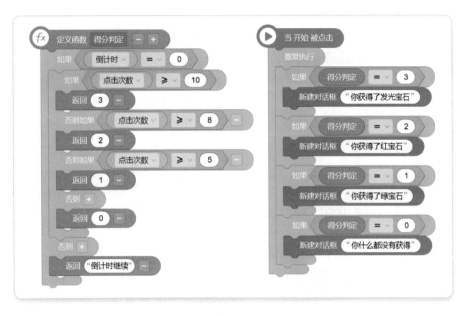

图　2-10

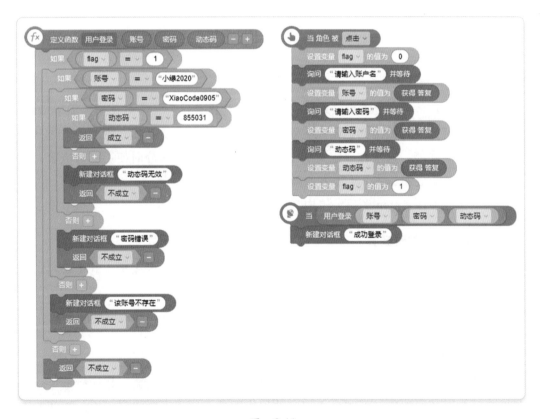

图　2-11

如图 2-12 所示，通过"得分判定"函数，在倒计时结束后，根据用户的点击次数返回不同的值，根据不同的返回值输出不同的内容。

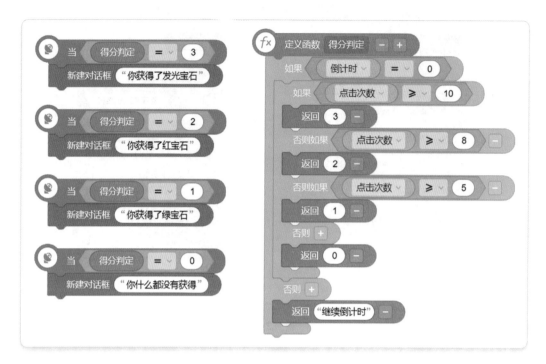

图　2-12

（三）函数的嵌套

函数的嵌套是将一个函数放入另一个函数的内部作为它的参数使用。简单来说，就是在一个函数里再调用其他函数。使用函数嵌套可以用更易懂、更简洁的方式表示函数的不同功能。通常在已定义的函数中，无法做功能区分时使用函数嵌套，可以让函数的功能更加具体，更加方便理解。

以下是三种在 Kitten 源码编辑中常用的函数嵌套方式。

1．在调用函数时嵌套

这种嵌套方式是在程序中将 A 函数的返回值作为 B 函数的参数。其优势是可以把两种类型的函数进行嵌套。

如图 2-13 所示，可以直接调用随机数函数的结果作为神秘图形函数的参数。

2．在定义函数时嵌套

这种嵌套方式是在定义一个函数的过程中，调用另一个函数。其优势是可以提前设定函数需要的数值，以减少主程序的积木数量，增强程序的可读性，方便检查与修改程序。

如图 2-14 所示，定义"绘制图形"函数时，调用了"图形"函数，从而实现了函数的嵌套。

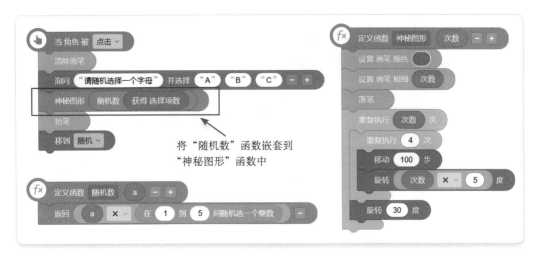

图　2-13

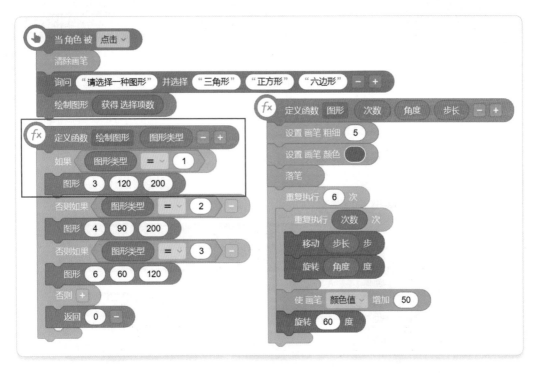

图　2-14

3．在函数返回值中进行函数的嵌套

这种嵌套方式是在函数的返回值中调用另一个函数。其优势是不仅可以嵌套另外一种函数，还可以调用函数自身实现有规律的运算，例如累加、阶乘等。如图 2-15 所示，在"运算 2"函数的返回值中调用"运算 1"函数。

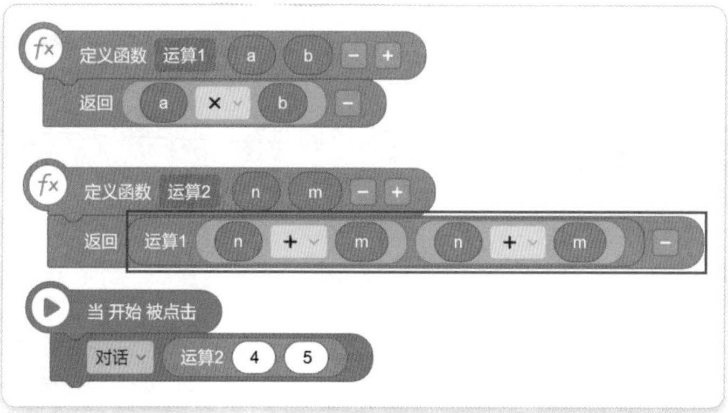

图 2-15

考点探秘

▶ 考题 1

运行图 2-16 所示的脚本，当在舞台上（40,0）处单击，新建对话框输出的是_____。

注：仅填写数字，不要添加无关字符或空格。

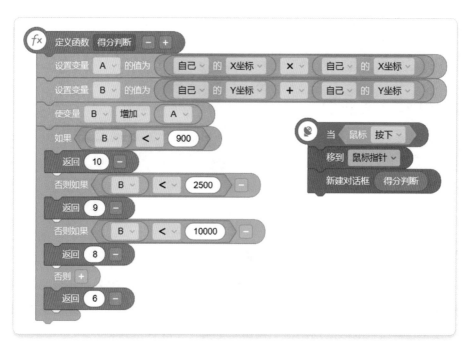

图 2-16

※ 核心考点

考点 1　带返回值的函数

※ 思路分析

该题主要考查带返回值函数的调用，函数"得分判定"会根据判断条件，返回一个返回值。

※ 考题解答

在舞台上（40,0）处单击，角色移到该坐标，此时变量 B 的值为 1600，函数的返回值为 9，故新建对话框输出的是 9。

答案：9

》 考题 2

运行图 2-17 所示的脚本，新建对话框输出的值是 _____。

注：仅填写数字，不要添加无关字符或空格。

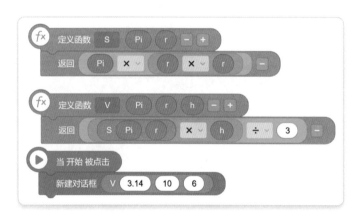

图　2-17

※ 核心考点

考点 2　函数返回值的综合应用

※ 思路分析

该题主要考查函数的嵌套。遇到这类题目时，需要先从嵌套的最里层（即函数"S"）入手，计算传入参数 Pi 和 r 之后的结果，然后再调用结果进行运算。

※ 考题解答

先将参数 Pi 和 r 传入函数"S"，求得的结果是 314，然后再把函数"S"的结果返回函数"V"进行运算，最终得到的结果是 628。

答案：628

考题 3

运行图 2-18 所示的程序，当随机产生的数字是 56，用户输入的数字是 50 时，新建对话框输出的值是 _____。

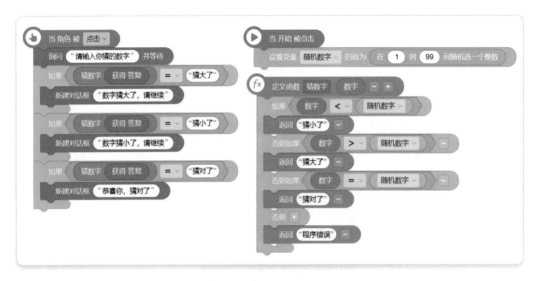

图　2-18

※ 核心考点

考点 2　函数返回值的综合运用

※ 思路分析

该题主要考查调用函数作为判断条件。函数"猜数字"会根据判断条件返回一个值，根据返回值在新建对话框中输出不同的内容。

※ 考题解答

程序产生的随机数为 56，用户输入的数字是 50 时，用户输入的数小于程序产生的随机数，所以函数的返回值是"猜小了"。

答案：数字猜小了，请继续

巩固练习

1．运行图 2-19 所示的程序，假设第一个骰子的结果是点数 3，第二个结果是点数 4，新建对话框输出的值是 _____。

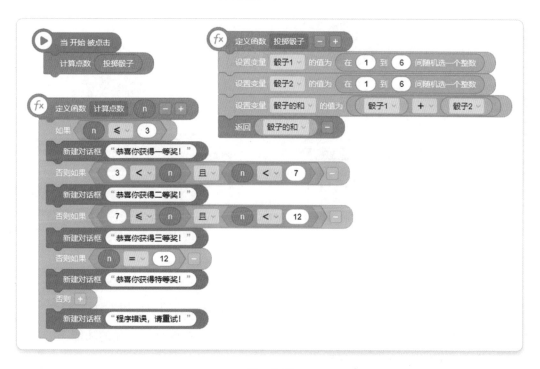

图　2-19

2．运行图 2-20 所示的程序，新建对话框输出的值是 _____。

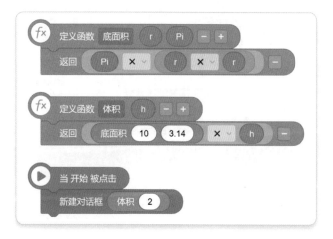

图　2-20

专题3

克　隆

在图形化二级教程中，我们已经介绍了克隆的简单使用方法，本专题将在二级教程的基础上深化克隆的使用，着重讲解克隆的功能、克隆体的属性与克隆的综合运用。

考查方向

★ 能力考评方向

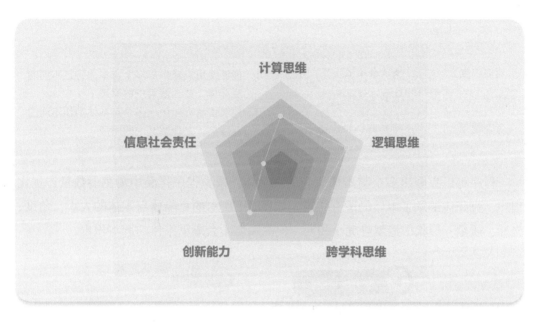

★ 知识结构导图

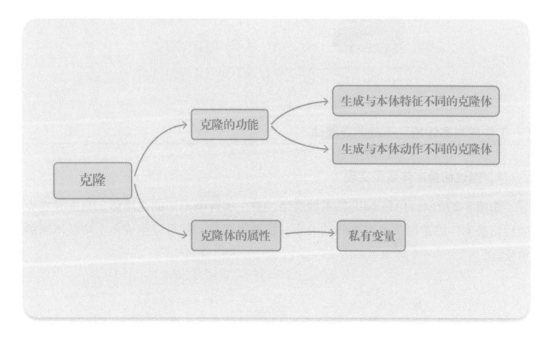

考点清单

考点1 克隆的功能

考点评估		考查要求
重要程度	★★★★☆	1. 能够使用克隆生成多个与本体特征不同的克隆体，并理解其中的原理；
难度	★★★☆☆	2. 能够使用克隆生成多个与本体动作不同的克隆体，并理解其中的原理
考查题型	选择题、操作题	

程序可以克隆出多个与本体相同的克隆体，减少程序作品中角色的数量，优化程序。克隆体继承了本体的所有状态，如图 3-1 所示的克隆体与本体的大小、角度、坐标、质量、形状、造型等完全相同，但克隆体不会继承本体的脚本积木。

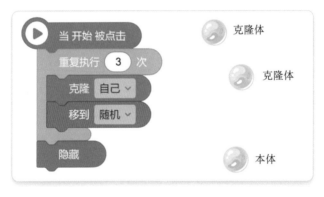

图　3-1

（一）生成与本体特征不同的克隆体

1. 通过切换本体造型实现

如图 3-2 所示，角色 ball 有 4 种造型。要生成造型不同的克隆体，只需要在克隆后切换本体的造型或改变本体的大小、位置等参数，就可以生成多个特征不同的角色。

图　3-2

2．通过变化克隆体特征实现

如图 3-3 所示，让角色作为克隆体启动时获得随机的颜色特效与大小，也可以实现克隆体与本体特征不同的效果。

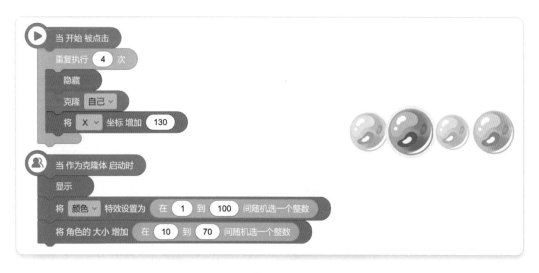

图　3-3

3．通过与变量结合的方式实现

如图 3-4 所示，可以通过与变量结合的方式生成特征不同的克隆体。首先新建一个全局变量"编号"，本体每次生成克隆体时改变这个变量的值，克隆体根据变量"编号"的值，切换到不同的角色造型，从而实现生成与本体特征不同的克隆体的功能。

图　3-4

（二）生成与本体动作不同的克隆体

如图 3-5 所示，与变量结合也可以让克隆体的动作与本体不同。新建一个全局变量"编号"，本体每次生成克隆体时改变它的值，克隆体根据变量"编号"的值执行不同的动作，生成与本体动作不同的克隆体。

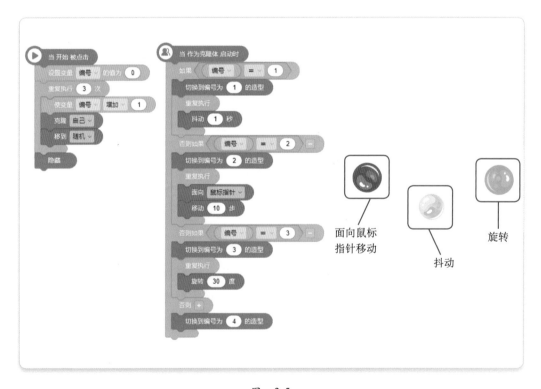

图　3-5

考点 2　克隆体的属性

考点评估		考查要求
重要程度	★★★☆☆	能够灵活运用克隆体的私有变量属性，让克隆体具有不同的属性
难度	★★★★☆	
考查题型	选择题、填空题、操作题	

私有变量

　　私有变量是克隆体的一种属性，是一种只属于该克隆体的、独立的变量。生成私有变量后，每个克隆体都拥有这一变量，虽然名称一致，但不同克隆体的私有变量之间数值内容相互独立，不会互相影响。

　　想要使用私有变量，首先需要为这个角色本体创建一个角色变量，如图 3-6 所示。

　　克隆体会拥有一个同名变量，作为自己的私有变量，初始值为该克隆体"出生"时、本体角色变量的值。但此私有变量已不再受本体角色变量的影响。在"当作为克隆体启动时"下方设置角色变量

图　3-6

的值，就能改变该克隆体的私有变量。例如，可以让克隆体拥有不同的生命值。

　　如图 3-7 所示，角色"幽灵"有 4 个造型，设置每个克隆体拥有初始生命值为 3 点，当单击该克隆体时，变量"私有变量生命值"减少 1 点，当生命值不同时克隆体显示不同的角色造型。

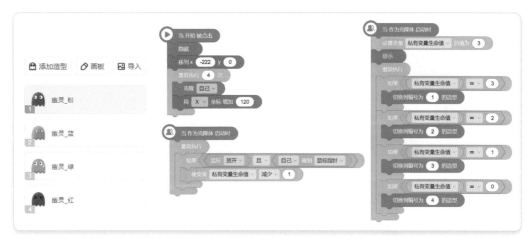

图　3-7

如图 3-8 所示，每个克隆体都根据自己的"生命值"独立切换造型，不会相互影响。

图 3-8

如果在创建变量时使用的是全局变量而不是角色变量，就不能实现私有变量的功能。如图 3-9 所示，当其中一个克隆体被单击，变量"全局变量生命值"会减少 1，舞台中的克隆体造型会全部跟着改变。

图 3-9

考点探秘

考题 1

角色"球"的初始坐标为 （-200,0），且能正常显示在舞台区。图 3-10 是"球"的脚本，其中变量 a 为"球"的"角色变量"。运行程序，下列关于"球"的舞台效果描述正确的是（　　）。

图　3-10

A．5 个球从左向右排列，越来越大，颜色不同

B．5 个球从左向右排列，越来越大，颜色相同

C．5 个球从左向右排列，大小相同，颜色不同

D．5 个球从左向右排列，大小相同，颜色相同

※ **核心考点**

考点 1　克隆的功能

※ **思路分析**

该题考查的知识点是生成与本体特征不同的克隆体。由于每次生成克隆体时，变量 a 的值都在变化，所以每次生成的克隆体大小并不一致，但是本体的颜色没有发生变化，所以每次生成的克隆体颜色都相同。

※ **考题解答**

由于变量 a 在不断增加，所以每次生成的克隆体越来越大。由于本体的颜色特效没有变化，所以每次生成的克隆体颜色特效都一致，都是在本体颜色特效的基础上增加 100，所以克隆体的颜色相同。

答案：B

> **考题 2**

如图 3-11 所示的脚本中，变量"数值"是全局变量，变量"速度"是角色变量。运行脚本，5 秒后，舞台效果是（　　　）。

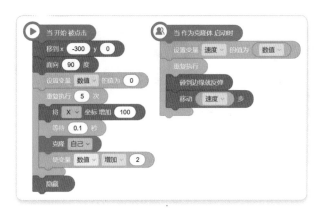

图 3-11

A．5 个克隆体的 x 坐标都是 200，以相同的速度在 y 方向上往复移动

B．5 个克隆体的 x 坐标都是 200，以不同的速度在 y 方向上往复移动

C．5 个克隆体在 x 方向上均匀分布，以相同的速度在 y 方向上往复移动

D．5 个克隆体在 x 方向上均匀分布，以不同的速度在 y 方向上往复移动

※ 核心考点

考点 2　克隆体的属性

※ 思路分析

该题考查的是克隆体的私有变量。由于变量"速度"是该角色的角色变量，所以该变量变为克隆体的私有变量，虽然该变量的名字一样，但并不会相互影响。

※ 考题解答

由于每次生成克隆体后，全局变量"数值"都会增加，角色变量"速度"是克隆体的私有变量，所以每个克隆体的私有变量"速度"都不一致，所以克隆体以不同的速度在 y 方向往复移动。

答案：D

1．下列与克隆体有关的说法正确的是（　　　）。

　A．不能克隆出与本体外观不一致的克隆体

　B．克隆体的私有变量会互相影响

C．可以克隆出与本体动作不一致的克隆体

D．每个克隆体的动作和外观都一定一致

2．已知角色"雷电猴"的初始坐标为（−350，−260），初始面向右边且能正常显示在舞台上。图 3-12 是"雷电猴"的脚本，变量 a 为"雷电猴"的角色变量。运行程序，下列关于"雷电猴"舞台效果描述正确的是（   ）。

A．所有"雷电猴"都以相同的速度移动

B．所有雷电猴都一直以随机的速度移动

C．从下到上，雷电猴的移动速度越来越快

D．从下到上，雷电猴的移动速度越来越慢

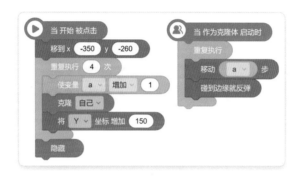

图   3-12

3．如图 3-13 所示的脚本，其中变量"计数"是"星星"的角色变量。关于舞台效果描述，下列说法最可能正确的是（   ）。

图   3-13

A．所有星星一直隐藏

B．部分星星一直显示

C．所有星星同时隐藏和显示

D．部分星星同时隐藏和显示

专题4

常用编程算法

算法是计算或解决特定问题的步骤。算法就像菜谱，厨师们按照菜谱上的步骤做出一道道美食，而计算机则遵循算法解决特定的问题。本专题中的常用编程算法可以实现多种多样的功能，例如从海量数据中查找符合要求的数据、将一串数字按从小到大的顺序排列等。

考查方向

★ 能力考评方向

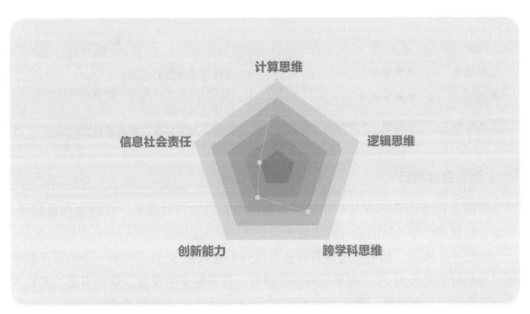

★ 知识结构导图

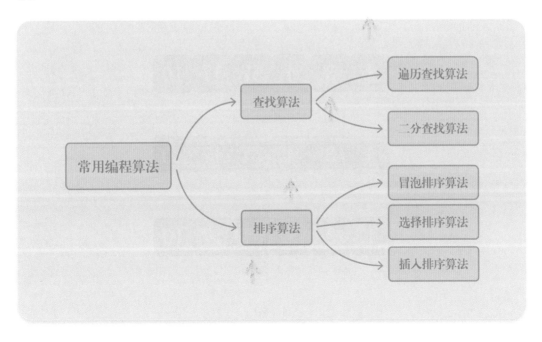

考点清单

考点1 查找算法

考点评估		考查要求
重要程度	★★★★☆	1. 理解查找算法的作用；
难度	★★★★★	2. 理解遍历查找算法与二分查找算法的基本思想及其优缺点；
考查题型	选择题、填空题、操作题	3. 能够使用两种查找算法进行数据查找

（一）遍历查找算法

遍历查找算法是一种在有序的数据集合中查找数据的算法。它的操作很简单，只要在数据集合中从前向后（或从后向前）依次查找即可。

如图 4-1 所示，利用遍历查找算法在数列中查找数字 57：从第一个位置开始检查，判断数字是否为 57，如果是则查找结束，返回数字的位置；如果不是，则检查下一个数字。以此类推，直到找到数字 57 或者检查完整个数列为止。

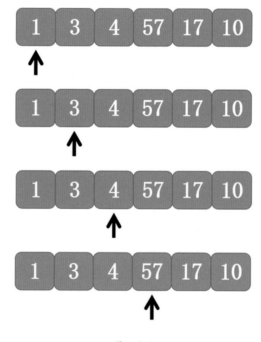

图 4-1

　　该算法的基本思想是按顺序逐个检查数据集合中的元素，如果找到目标元素，返回该元素的位置；否则继续查找，直到找到目标元素或者检查完所有数据。

　　下面使用图形化程序实现该算法。如图 4-2 所示，定义"遍历查找"函数，参数"目标"代表待查找的数字，变量 i 代表元素所在的位置。如果数列中的第 i 项与"目标"相等，则返回变量 i。

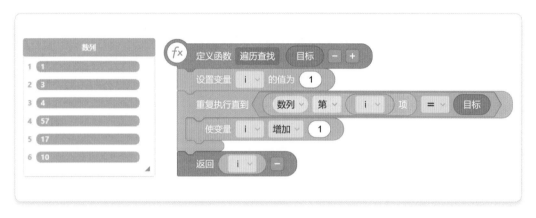

图　4-2

　　待查找的数字可能不在数列中，因此，当变量 i 增大到大于数列的长度时，返回字符串"没有找到"，如图 4-3 所示。

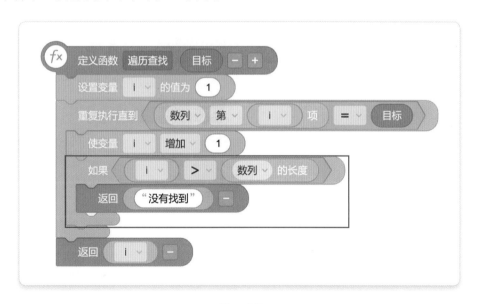

图　4-3

　　如图 4-4 所示，遍历查找算法还可以从最后一个元素开始向前依次查找。由于查找的起始位置和查找方向不同，变量 i 的初始值和变化方式也就不同。

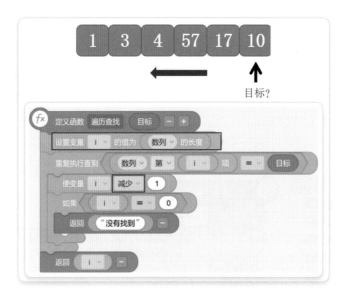

图　4-4

（二）二分查找算法

　　二分查找算法适用于在按序排列的数据集合中查找目标元素。正如其名，查找总是从待查数据集合的中间元素开始（将数据集一分为二取其中点）。

　　如图 4-5 所示，利用二分查找算法在数列中查找数字 35 的过程如下。

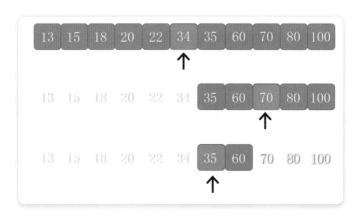

图　4-5

　　（1）从中间元素开始检查，判断该元素是否等于 35，34 < 35，继续查找；

　　（2）取出 34 右边数列的中间元素 70，判断它是否与 35 相等，70 > 35，继续查找；

　　（3）取出 70 左侧数列的中间元素 35（只剩两个元素，取第一个），35=35，查找结束。

　　该算法的基本思想是比较数列中间位置的数据与目标数据的大小，判断目标在数列的左侧还是右侧，逐渐缩小查找范围直到找到数据，或者得出目标不存在的结论。

　　下面使用图形化程序实现该算法。如图 4-6 所示，定义"二分查找"函数，参数"目标"代表待查找的数字，变量"中间"表示待查数列的中间位置。由于每次查找的范围在变化，变量"中间"（中间位置）也在变化，因此使用变量 a 和 b 分别表示待查数列的起点和终点。

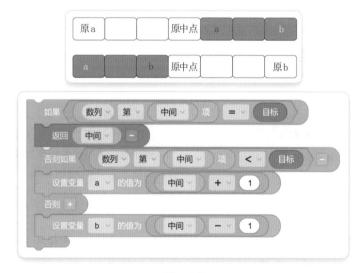

图　4-6

　　如图 4-7 所示，如果中间元素与目标相等，返回"中间"变量。如果中间元素小于目标，就在它的右侧继续查找，也就是改变变量 a（起点）的值。如果中间元素大于目标，就在左侧继续查找，也就是改变变量 b（终点）的值。

图　4-7

　　如图 4-8 所示，当 a 代表的起点位置增加到比 b 大时，说明已不存在没有查找的数列，此时返回"没有找到"的结果。

● **备考锦囊**

　　二分查找的前提是数据集合中的数据必须按序排列。如果数据集合是未排序的，可以先利用排序算法对数据集合进行排序，再进行二分查找。

```
fx  定义函数  二分查找  目标  −  +
    设置变量  a  的值为  1
    设置变量  b  的值为  数列  的长度
    重复执行直到  a  >  b
        设置变量  中间  的值为  四舍五入  a  +  b  ÷  2
        如果  数列  第  中间  项  =  目标
            返回  中间  −
        否则如果  数列  第  中间  项  <  目标  −
            设置变量  a  的值为  中间  +  1
        否则  +
            设置变量  b  的值为  中间  −  1
    返回  "没有找到"  −
```

图 4-8

考点 2 排序算法

考点评估		考查要求
重要程度	★★★★☆	1. 理解冒泡排序、选择排序和插入排序 3 种排序算法的思想和操作步骤；
难度	★★★★★	2. 能够使用 3 种排序算法对无序数据进行排列
考查题型	选择题、填空题、操作题	

　　排序算法是指按照规则从小到大或从大到小对数据进行排列的方法。常用的排序算法有冒泡排序算法、选择排序算法和插入排序算法等。

（一）冒泡排序算法

　　用冒泡排序算法将图 4-9 所示的数列按照从小到大的顺序进行排列，总共需要进行 4 轮比较。

　　（1）第一轮：先比较第一个数与第二个数的大小，7 > 1，二者互换位置；接着比较第二个数与第三个数的大小，9 > 7，不改变数

图 4-9

字位置。依次重复，两两比较大小，如果后者小于前者则交换位置，直到所有较小的数都向前移动,最大的数字 9 排到了最后。如图 4-10 所示,该轮共进行了 4 次比较。

图　4-10

（2）第二轮：此轮不再将已经排到最后的 9 与其他数字作比较，只比较前 4 个数字的大小。同样的，两两比较大小，直到 7 排列到最后。如图 4-11 所示，该轮进行了 3 次比较。

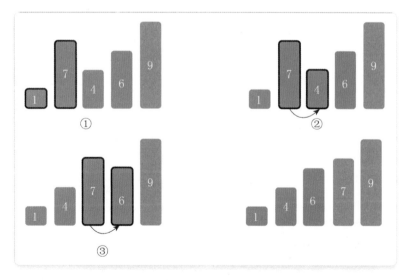

图　4-11

（3）第三轮：此轮比较前 3 个元素的大小。如图 4-12 所示，两两比较后，没有数字需要改变位置，该轮进行了 2 次比较。

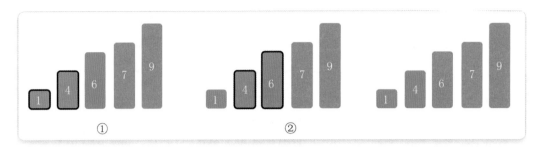

图 4-12

（4）第四轮：此轮比较 1 和 4 的大小，无须交换位置，如图 4-13 所示。该轮进行了 1 次比较。

图 4-13

综上所述，冒泡排序算法的基本思想是由前向后两两比较相邻元素的大小，如果前一项大于后一项，则交换两者的位置，直到最大的元素排列到最后的位置。若数据集合中共有 n 个元素，则比较 n−1 轮完成排序；每一轮待比较元素有 m 个，则该轮共比较 m−1 次。

下面使用图形化程序实现该算法。如图 4-14 所示，定义"交换位置"函数用来实现冒泡排序中常使用的交换元素位置的功能，"数据集"表示待排数据集合，参数 a 和 b 分别代表待排"数据集"中的两个元素的位置。

图 4-14

定义"冒泡排序"函数，变量 i 和 i+1 表示每次比较的元素位置，变量"待排元素数"表示每轮比较中未确定顺序的元素个数。每轮比较都从"数据集"中的第一个元素开始，如图 4-15 所示。

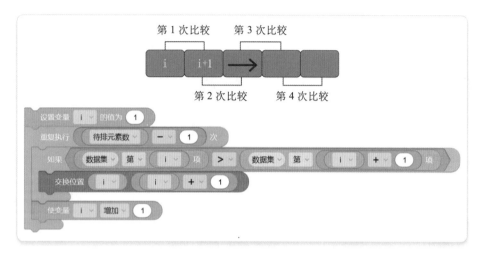

图　4-15

"待排元素数"的大小在第一轮比较中为"数据集"元素的个数，每完成一轮数量减 1；完成排序，总共需要的比较轮次与"数据集"的元素个数有关，如图 4-16 所示。

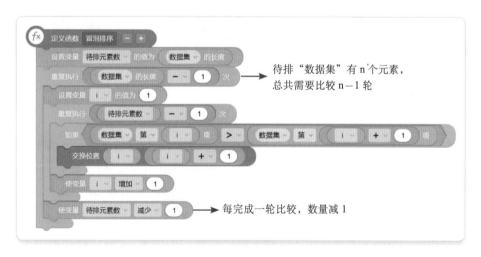

图　4-16

（二）选择排序算法

用选择排序算法将图 4-17 所示的数列按照从小到大的顺序进行排列，总共需要进行 4 次比较，如图 4-18 所示。

（1）第一次比较：从待排元素中找到最小值 1，与首位元素 21 交换位置，最小值 1 归位；

（2）第二次比较：从剩下的 4 个元素中找到最小值 5，与位于待排序第一项的 12 交换位置，第二个元素归位；

（3）第三次比较：从待排的 3 个元素中找到最小的 8，与位于待排序第一项的 21 交换位置，第三个元素归位；

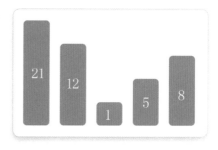

图 4-17

（4）第四次比较：从剩下的两个元素中找到最小的 12，无须交换位置，最后两个元素归位。

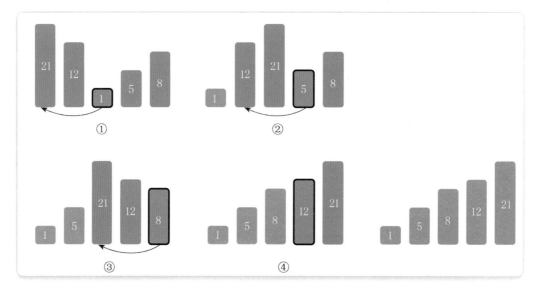

图 4-18

选择排序算法的基本思想是从待排序的数据集合中查找最小值，将其与待排的第一项交换位置。若数据集合中有 n 个元素，则进行 n−1 次比较。

下面使用图形化程序实现该算法。选择排序算法同样经常使用"交换位置"功能，该功能的函数定义如图 4-14 所示（见"冒泡排序算法"）。如图 4-19 所示，定义函数"选择排序"，变量 i 表示在排序过程中逐一被确定的位置，先假设最小值为第 i 项，如果第 i 项不是最小值，则将最小值与第 i 项交换位置。

如图 4-20 所示，在确定最小值时，将第 i 项之后的元素逐一与假定的最小值进行比较，直到所有的元素都被比较完。

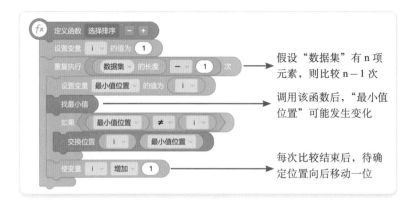

图 4-19

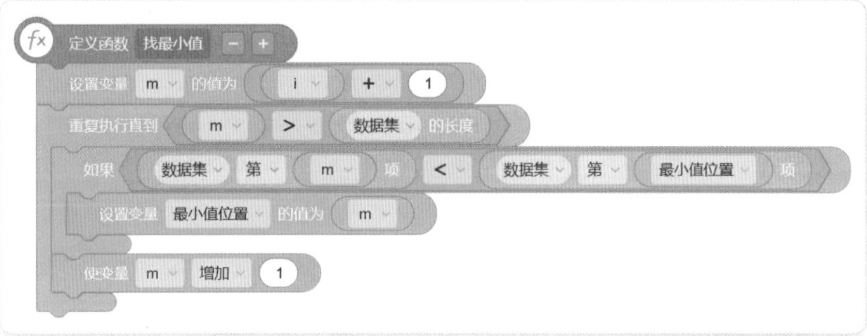

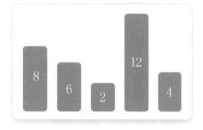

图 4-20

（三）插入排序算法

用插入排序算法将图 4-21 所示的数列按照从小到大的顺序进行排列，总共需要进行 4 轮比较。

（1）第一轮：假定第一个数 8 已经完成排序，从未排序的数字中取出 6 与它进行比较，8 > 6，将 6 放至 8 的左侧，如图 4-22 所示。

图 4-21

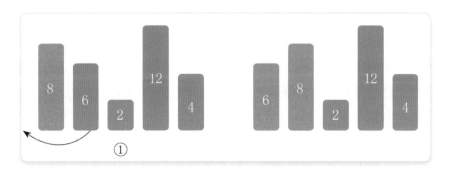

图 4-22

（2）第二轮：6 和 8 归位，取出 2 与 8、6 进行比较；8 > 2，将 2 放至 8 的左侧；6 > 2，将 2 放至 6 的左侧，如图 4-23 所示。

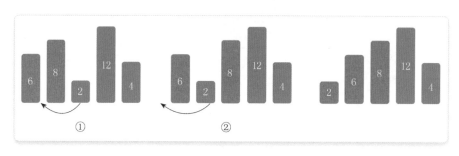

图　4-23

（3）第三轮：2、6 和 8 归位，取出 12 与它们进行比较；12 比它们都大，因此不需要进行任何操作。

（4）第四轮：2、6、8 和 12 归位，取出 4 与它们进行比较；12 > 4，4 移动至 12 左侧；8 > 4，4 移动至 8 左侧；6 > 4，4 移动至 6 左侧；2 < 4，不进行移动，结束排序，如图 4-24 所示。

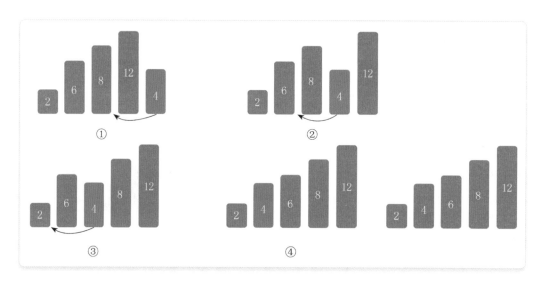

图　4-24

插入排序算法的基本思想是从数据集合的左侧开始依次对数据进行排序——假定第一个数据已归位后，从右侧未排序数据中依次取出数据，插入已排序数据中合适的位置上。若数据集合中共有 n 个元素，则比较 n−1 轮完成排序；第 m 轮，最多需要比较 m 次。

下面使用图形化程序实现该算法。插入排序算法同样经常使用"交换位置"功能，除了图 4-14 所示的方法（见"冒泡排序算法"）外，还可以采用图 4-25 所示的方法。

参数 a 和 b 分别代表待排序"数据集"中的两个元素的位置，且 b ＞ a。

图　4-25

定义函数"插入排序"，变量 i 表示已归位的元素数量，则"待排编号"大小为 i+1。在最坏的情况下，待排元素需要与所有已归位元素进行比较，也就是比较 i 次，如图 4-26 所示。

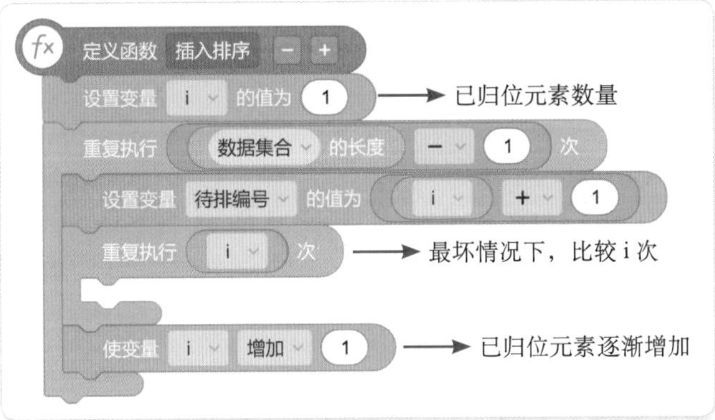

图　4-26

在最内层循环中，如果待排元素比它前面的元素小，则二者交换位置，否则退出循环。每比较一次，待排元素就向前移动一位，如图 4-27 所示。

图　4-27

完整的"插入排序"函数如图 4-28 所示。

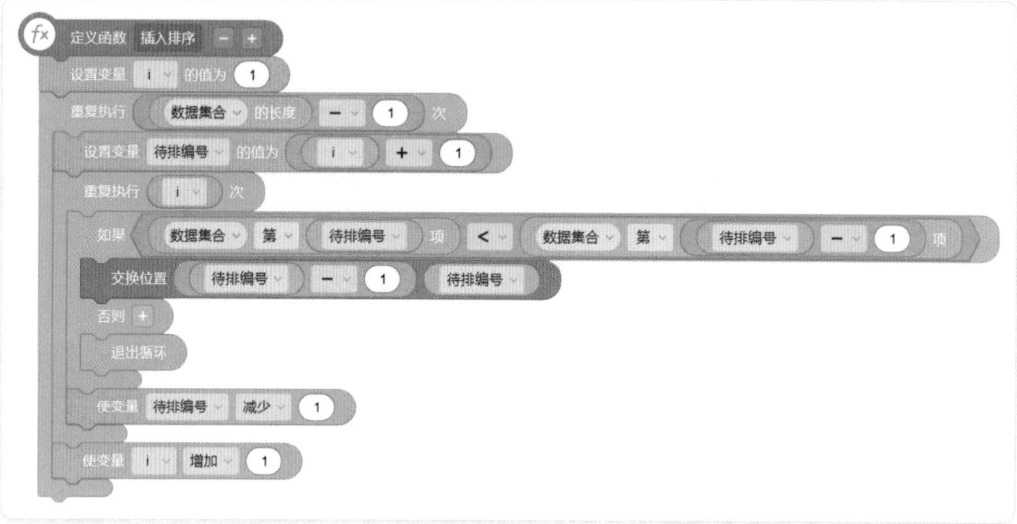

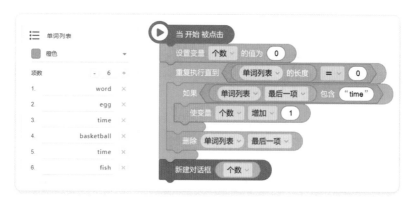

图　4-28

考点探秘

▶ 考题 I

如图 4-29 所示，单词列表中有 6 个元素。运行脚本，新建对话框输出的是
_____。

注：请填写数值，不要填写空格、换行或其他符号。

图　4-29

※ **核心考点**

考点 1　查找算法

※ **思路分析**

该题主要考查遍历查找算法。该题使用反向遍历，从列表的最后一项开始查找。

※ **考题解答**

阅读题目脚本可知，该脚本的作用为统计"单词列表"中 time 的个数。由于列表的第 3 项和第 5 项为 time，所以变量"个数"的值为 2，新建对话框输出的是 2。故答案为 2。

※ **举一反三**

列表"单词表"的初始值如图 4-30 所示。运行如图 4-30 所示的脚本，新建对话框输出的是 _____。

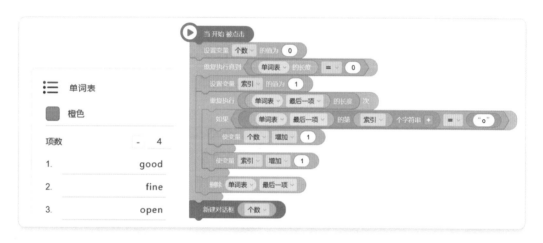

图　4-30

> **考题 2**

预置的程序实现了以下效果：生成 10 个 0 ~ 100 的随机数，使用排序算法对这10 个数进行从小到大的排序，并使用列表"排序"显示在舞台上。但是程序发生了一些错误，请你修改并补充脚本，以实现相应的效果。

使用源码编辑器（Kitten 编辑器）打开预置文件进行创作。

扫描二维码下载文件：专题 4- 考题 2- 排序预置文件。

※ **核心考点**

考点 2　排序算法

※ 思路分析

该题主要考查排序算法的运用，该题使用的是冒泡排序算法。

※ 考题解答

冒泡排序的基本思想是由前向后两两比较相邻元素的大小，如果前一项大于后一项，交换两者位置，直到最大的元素排列到待排序列的最后位置。

程序空缺的位置是条件判断积木，需要判断两个相邻的元素是否需要进行位置交换。

参考程序可扫描二维码获取。

扫描二维码下载文件：专题 4- 考题 2- 排序答案文件。

❯ 考题 3

预置的程序实现了以下效果：输入数值后进行二分查找，若数值在列表中，输出该数值在列表中的序号，否则输出"不存在"，如图 4-31 所示。"雷电猴"中的脚本实现了二分查找功能，但是缺失了几块积木，请补充完整。

注：不要修改列表中的数据，不要添加其他未做要求的功能。

使用源码编辑器（Kitten 编辑器）打开预置文件进行创作。

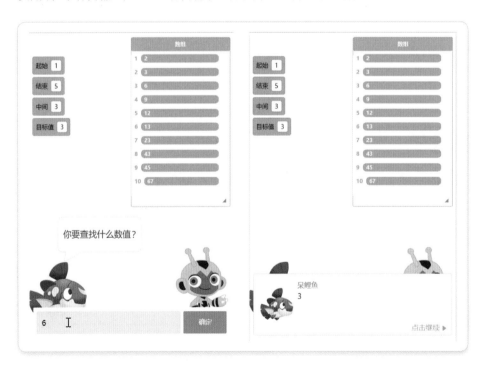

图　4-31

扫描二维码下载文件：专题 4- 考题 3- 二分法预置文件。

※ 核心考点

考点 1 查找算法

※ 思路分析

该题主要考查二分查找算法。二分查找算法的策略是将查找范围一分为二，缩小查找范围并快速靠近目标。在操作过程中需要计算中间位置。

※ 考题解答

第一个程序空缺处是符合判断条件后直接返回目标值的位置。根据二分查找算法的原理，只有当找到目标值时才返回其位置，所以该处可判断列表中该项是否为目标值。

第二个程序空缺处的作用是符合判断条件后，设置二分查找算法的范围，设置中间值的后半部分为算法新的查找范围。根据该算法的原理，符合目标值比中间项大这个条件时，才取中间项的后一项作为新范围的起始，所以该空缺内容是判断目标值是否大于此时查找范围的中间项。

参考程序可扫描二维码获取。

扫描二维码下载文件：专题 4- 考题 3- 二分法答案文件。

巩固练习

1．下列关于算法的说法中，不正确的是（　　）。

A．常见的排序算法有冒泡排序算法、插入排序算法和选择排序算法

B．二分查找算法一定比遍历查找算法更快找到目标数据

C．解决某类问题的算法不是唯一的

D．算法必须能在有限个步骤之后终止

2．列表"无序列表"的初始数据如图 4-32 所示。运行该脚本，舞台区对话显示的是_____。

3．"成绩"列表中有 90, 54, 73, 68 四个数据，运行如图 4-33 所示的脚本，新建对话框输出的是_____。

4．"数字列表"的初始数据为 [0,5,1,5,12,2,12,5]。运行如图 4-34 所示的脚本，新建对话框输出的值为_____。

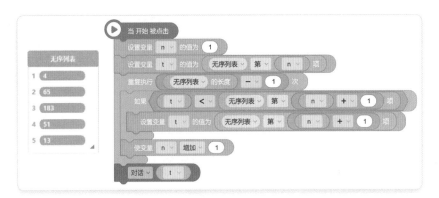

图　　4-32

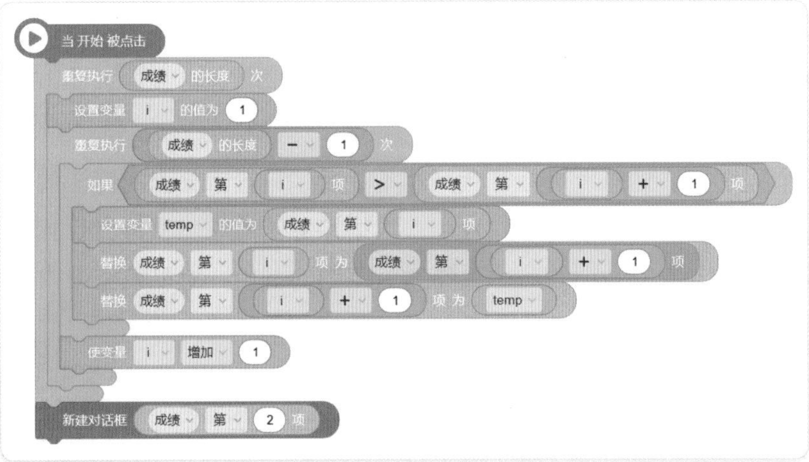

图　　4-33

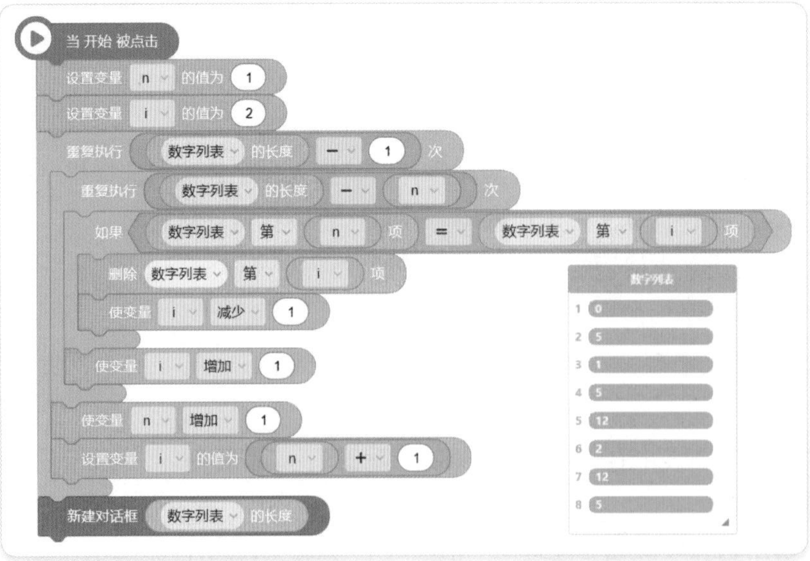

图　　4-34

递 归 调 用

在数学与计算机科学中，常用递归来解决大型的、复杂的问题。递归调用是一种解决问题的方法，也是一种逻辑思维方式。递归通常可以把一个大型的、复杂的、需要多次重复计算的问题，转化为一个与原问题相似的、规模较小的问题来求解。

考查方向

⭐ 能力考评方向

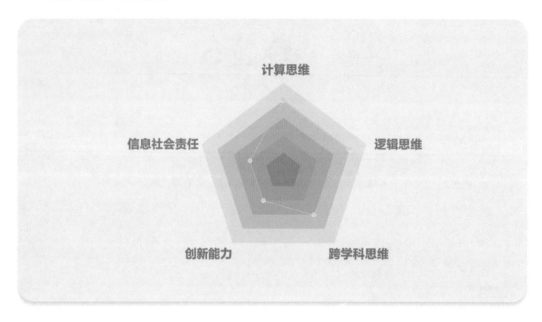

⭐ 知识结构导图

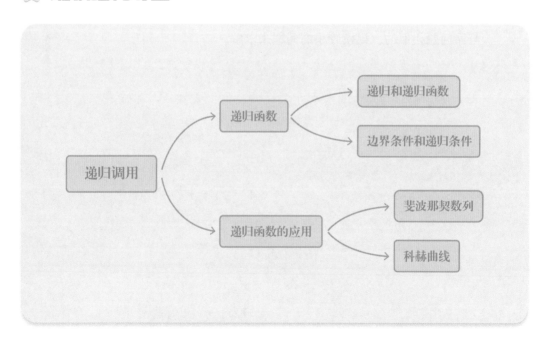

考点 I 递归函数

考点评估		考查要求
重要程度	★★★★☆	1. 了解递归和递归函数的概念；
难度	★★★★★	2. 理解递归函数的边界条件、递归条件，理解递归函数的调用过程
考查题型	选择题、填空题、操作题	

（一）递归和递归函数

递归是指在函数定义中调用它自身的方法。相应地，如果一个函数在内部调用它本身，那么这个函数就是递归函数。

阶乘函数就是一个经典的递归函数。在数学上，自然数 n 的阶乘为 $1 \times 2 \times 3 \times \cdots \times (n-1) \times n$，记为 n!，如图 5-1 所示。例如，4 的阶乘为 $1 \times 2 \times 3 \times 4$。

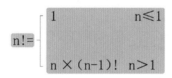

$$n! = \begin{cases} 1 & n \leq 1 \\ n \times (n-1)! & n > 1 \end{cases}$$

图 5-1

"求阶乘"函数的脚本如图 5-2 所示。当参数"数字"大于 1 时，调用函数本身。

如图 5-3 所示，单击"雷电猴"角色，输入"4"，计算 4 的阶乘。程序调用"求阶乘"函数 4 次：第一次调用结果返回"4 × 3!"；第二次调用结果返回"3 × 2!"；第三次调用结果返回"2 × 1!"；第四次调用结果返回"1"。第四次调用的结果"1"再依次返回，最终计算出结果。

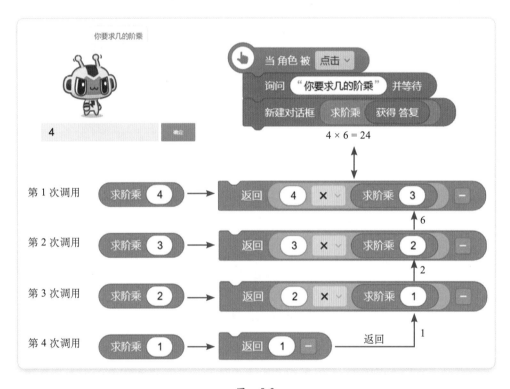

图　5-2

图　5-3

（二）边界条件和递归条件

递归函数通常会利用选择结构，其中包含递归条件和边界条件两部分。递归条件是指什么情况下函数会调用自己；而边界条件则指出了递归的终止条件，即什么情况下不再进行递归。以"求阶乘"函数为例，边界条件和递归条件如图 5-4 所示。

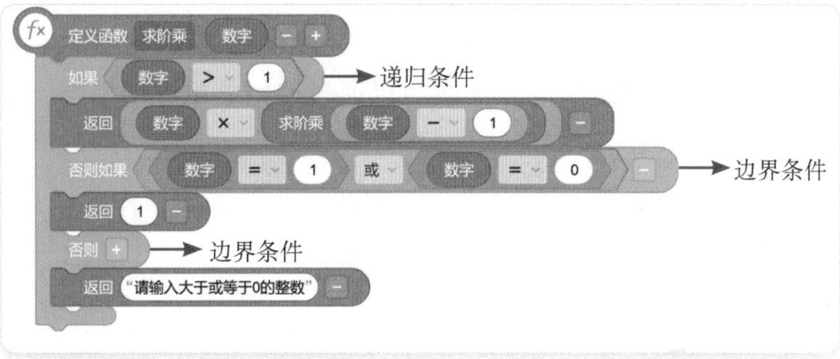

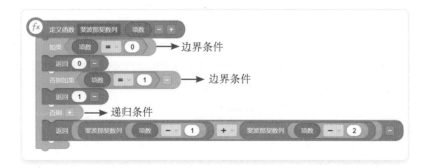

图　5-4

 考点 2　递归函数的应用

考 点 评 估		考 查 要 求
重要程度	★★★★☆	1. 了解斐波那契数列的定义，能够利用递归 函数计算斐波那契数列；
难度	★★★★★	
考查题型	选择题、填空题、操作题	2. 了解科赫雪花的绘制过程，能够利用递归 函数绘制科赫曲线和科赫雪花

（一）斐波那契数列

斐波那契数列又称为"黄金分割数列"。数列从 0 和 1 开始，从第三项起，每一项都等于前两项之和，即 0、1、1、2、3、5、8、13、21…。在数学上，斐波那契数列以递归的方法来定义。

- $F_0 = 0$（表示第 1 项为 0）
- $F_1 = 1$（表示第 2 项为 1）
- $F_n = F_{n-1} + F_{n-2}$（$n \geqslant 2$）（表示第 n+1 项为前两项之和）

根据斐波那契数列的数学定义，可使用递归函数计算该数列，如图 5-5 所示。

图　5-5

（二）科赫曲线

精美的图案不一定来自复杂的程序，可以通过递归简单方便地画出精美的图案，例如图 5-6 所示的科赫雪花。

科赫雪花由科赫曲线组成。0 阶的科赫曲线是一条线段，由三条这样的线段组成的等边三角形就是 0 阶科赫雪花，如图 5-7 所示。

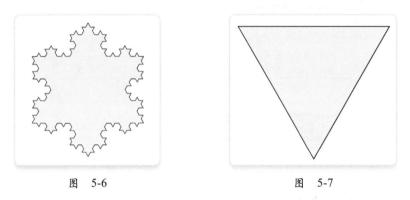

图　5-6　　　　　　　　　　　　　图　5-7

将这个三角形的每条边按以下步骤进行分割，可得到如图 5-8 所示的 1 阶科赫雪花。①将线段分成三等份；②以中间线段为底边，向外画一个等边三角形；③移去底边。

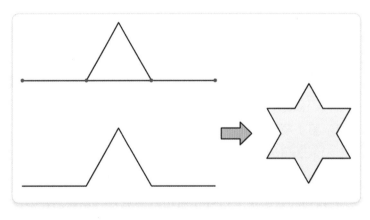

图　5-8

对 1 阶科赫雪花的所有边进行同样的处理，就可以得到 2 阶科赫雪花。以此类推，图形轮廓逐渐接近雪花，这就是科赫雪花的形成过程，如图 5-9 所示。

利用递归定义"科赫曲线"函数的脚本如图 5-10 所示。参数"长度"决定了最终图案的大小，"级数"代表科赫曲线的阶数。

将三条科赫曲线组成等边三角形，就能得到完整的科赫雪花。其脚本如图 5-11 所示。

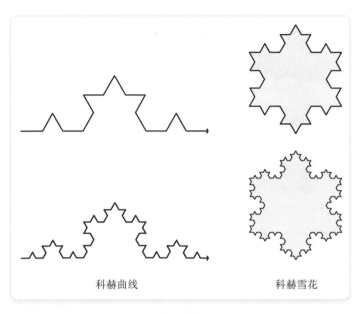

科赫曲线   科赫雪花

图   5-9

图   5-10   图   5-11

考点探秘

> ## 考题 I

运行如图 5-12 所示的脚本，新建对话框输出的内容是 _____。

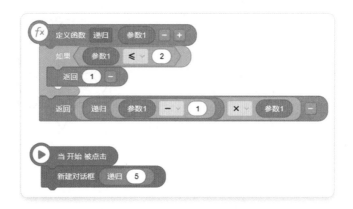

图 5-12

※ **核心考点**

考点 1 递归函数

※ **思路分析**

本题目考查考生对递归函数的理解。

※ **考题解答**

通过脚本可知，题目中递归函数的边界条件为"参数 ≤ 2"。单击"开始"后，程序将调用函数三次，分别传递参数 5、4、3，所以最后结果为 5×4×3×1=60。故答案为 60。

> **考题 2**

如图 5-13 所示的脚本可以计算出某规律数列第 n 项的数。运行脚本，舞台区对话显示的是 _____。

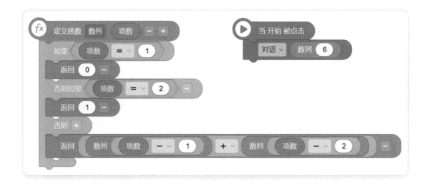

图 5-13

※ 核心考点

考点 2　递归函数的应用

※ 思路分析

本题考查学生对于函数及递归算法的运用能力。

※ 考题解答

观察脚本可知，递归函数的边界条件为"项数 = 1"和"项数 = 2"。所以当输入的项数为 6 时，最终返回结果的计算过程为 0+1+1+0+1+0+1+1=5。故答案为 5。

巩固练习

运行如图 5-14 所示的脚本，新建对话框输出的内容是 ＿＿＿＿。

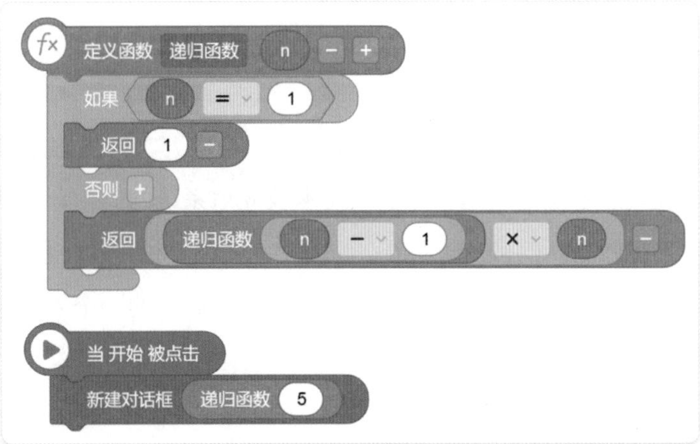

图　5-14

专题6

人 工 智 能

人工智能（Artificial Intelligence，AI）是研究、开发用于模拟延伸和扩展人的智能的理论、方法、技术及应用系统的一门新的技术科学。人工智能是一门极富挑战性的科学，它由不同的领域组成，如机器学习、计算机视觉等。总的来说，人工智能研究的一个主要目标是使机器能够胜任一些通常需要人类智能才能完成的复杂工作。

考查方向

★ 能力考评方向

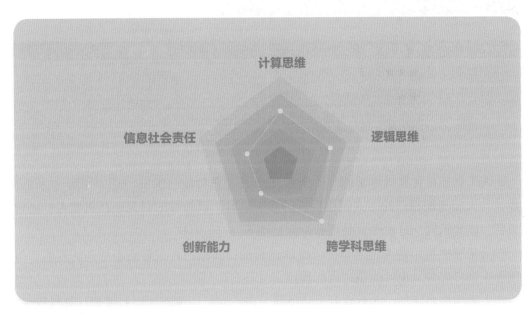

★ 知识结构导图

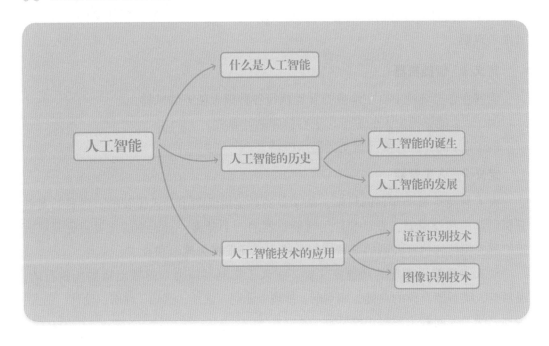

考点清单

考点1 什么是人工智能

考点评估		考查要求
重要程度	★★★☆☆	
难度	★★☆☆☆	认识人工智能，理解人工智能的定义
考查题型	选择题、填空题、操作题	

人工智能是计算机科学的一个分支,它试图了解智能的实质,并生产出一种新的、能以与人类智能相似的方式做出反应的智能机器。该领域的研究包括机器人、语言识别、图像识别、自然语言处理和专家系统等。

人工智能可以对人的意识、思维的过程进行模拟。人工智能不是人的智能,但能像人那样思考,也可能超过人的智能。

人类的许多活动,如解算题、猜谜语、进行讨论、编制计划和编写计算机程序,甚至驾驶汽车和骑自行车等,都需要"智能"。如果机器能够执行这种任务,就可以认为机器已具有某种性质的"人工智能"。

这里,我们结合自己的理解来定义人工智能,这些定义是比较狭义的,仅供读者参考理解。

定义1 智能机器

能够在各类环境中自主地或交互地执行各种拟人任务的机器。

例子1：能够模拟人的思维,进行博弈的计算机。

例子2：能够进行深海探测的潜水机器人。

定义2 人工智能

人工智能是关于知识的科学,从学科的界定定义如下。人工智能（学科）是计算机科学中涉及研究、设计和应用智能机器的一个分支。它近期的主要目标是研究用机器来模仿和执行人脑的某些智能功能,并开发相关理论和技术。

从人工智能所实现的功能定义如下。人工智能（能力）是智能机器所执行的、通常与人类智能有关的功能,如判断、推理、证明、识别、感知、理解、设计、思考、规划、学习和问题求解等思维活动。

考点 2　人工智能的历史

考点评估		考查要求
重要程度	★★★★☆	1．了解人工智能的诞生和标志性事件；
难度	★★★☆☆	2．了解人工智能的发展阶段
考查题型	选择题、填空题	

（一）人工智能的诞生

人工智能是多个学科结合发展的产物。20 世纪 30 年代末到 50 年代初，神经学、控制论、信息论和计算理论的快速发展为构建"电子大脑"这一想法提供了可能。以下是起到重要作用的标志性事件。

1．世界第一台通用计算机（1946 年）

世界上第一台通用计算机 ENIAC 于 1946 年 2 月 14 日在宾夕法尼亚大学诞生。它占地 170 平方米，重达 30 吨，耗电功率约为 150 千瓦每时，每秒可进行 5000 次运算，主要功能是进行弹道计算。计算机的发明是众多科研人员共同努力的成果，但数学家冯·诺依曼的设计思想（冯·诺依曼结构）在其中起到了关键的作用，所以冯·诺依曼也被称为现代计算机之父。

2．图灵测试（1950 年）

"图灵测试"一词出自阿兰·麦席森·图灵在 1950 年发表的一篇论文《计算机器与智能》。其内容是，如果计算机能在 5 分钟内回答由人类测试者提出的一系列问题，且超过 30% 的回答让测试者误认为是人类所答，则计算机通过测试。

在这篇论文里，图灵第一次提出了"机器思维"的概念。也正是这篇文章，为图灵赢得了人工智能之父的称号。

3．达特茅斯会议（1956 年）

人工智能这一概念最早是在 1956 年达特茅斯学院召开的研讨会上被确定的。在这个会议上，正式将"人工智能"确立为一门新学科的名称。在会议上，这些数学、逻辑学和信息学领域的专家同时也讨论了人工智能、神经网络等问题，为之后人工智能的发展奠定了基础。1956 年也被称为人工智能的元年。

（二）人工智能的发展

人工智能的发展并不是一帆风顺的，受制于当时的理论、技术和硬件等社会条件，人工智能的发展历经多次繁荣与挫折，如图 6-1 所示。

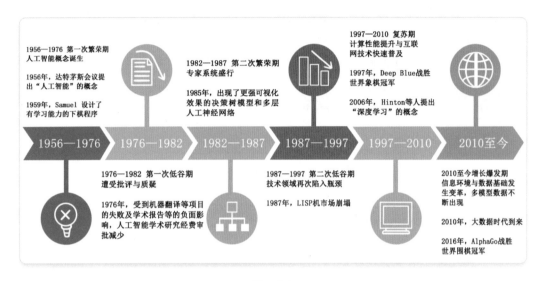

图　6-1

1．第一次繁荣期（1956—1976 年）

人工智能概念首次提出后，掀起了逻辑智能的浪潮，相继出现了一批显著的成果，如自动定理证明、跳棋程序、感知机、通用问题、求解程序等。

2．第一次低谷期（1976—1982 年）

学界普遍对人工智能发展的预判过于乐观，但因计算机硬件算力不足、计算复杂度较高等现实因素，使得研发进展缓慢。理想与现实差距过大，加上机器翻译等项目的失败及一些学术报告的负面影响，导致人工智能相关经费审批减少，至此人工智能走入了第一次低谷。

3．第二次繁荣期（1982—1987 年）

出现了更强可视化效果的决策树模型和突破早期感知机局限的多层人工神经网络，同时在商业领域出现了具备逻辑规则推演和特定领域回答并解决问题的专家系统，专家系统的盛行掀起了人工智能第二次繁荣期。

4．第二次低谷期（1987—1997 年）

工业界对专家系统过度吹捧，产生过多泡沫。普通计算机的高速发展导致 LISTP 机市场崩溃，技术领域再度陷入瓶颈，抽象推理不再被继续关注，基于符号处理的模型遭到反对，至此走入了人工智能的第二个低谷期。

5．复苏期（1997—2010 年）

随着计算性能的提升与互联网技术的快速普及，加上机器学习的迅猛发展，以 IBM 公司研发的深蓝计算机（Deep Blue）战胜世界象棋冠军事件为标志，人工智能走出低谷期进入复苏期。

6．增长爆发期（2010 年至今）

新一代信息技术引发信息环境与数据基础变革，海量图像、语音、文本等多模型数据不断出现，以深度学习为核心的人工智能技术在整个国民经济的许多实际领域中得到应用，以 AlphaGo 战胜世界围棋冠军为标志，掀起了第三次人工智能浪潮。

 考点 3　人工智能技术的应用

考点评估		考查要求
重要程度	★★★★☆	1．了解语音识别概念，能运用相关的功能与技术；
难度	★★★☆☆	2．了解图像识别概念，能运用相关的功能与技术
考查题型	选择题、填空题	

（一）语音识别技术

语音识别技术就是利用计算机把语音信号转变为相应的文本或命令的技术。简单地说，就是为机器装上了"听觉系统"，让我们能够与机器进行语音交流，让机器明白你说了什么。

语音识别技术主要包括特征提取技术、模式匹配准则及模型训练技术三个方面。在实际的场景中主要用到特征提取阶段和识别阶段。

如图 6-2 所示，当机器收到了一段语音指令，机器在预处理后会提取输入语音的特征；在训练阶段，机器会将提取到的特征与模板库中的每个模板进行相似度比较，最后将相似度最高的结果输出。

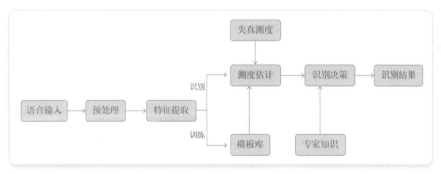

图　6-2

训练阶段，通过互联网大数据更新、日常输入记录等方式训练神经网络模型，扩充模板库和专家系统，以使识别准确度更高。

语音识别技术已经被广泛应用于人们的生活中，例如语音聊天机器人、语音翻译以及通过语音识别验证码或密码等。

如图 6-3 所示，识别密码时，首先要将机器收集到的声音转化为数字，然后将这些数字与预先设计好的密码进行对比，如果相同则提示密码正确，不同则提示密码错误。

图　6-3

（二）图像识别技术

图像识别是指利用计算机对图像进行处理、分析和理解，以识别各种不同模式的目标和对象的技术。图像识别技术与语音识别技术类似，都属于深度学习算法的一种实际应用。

现阶段图像识别技术一般分为人脸识别与商品识别。人脸识别主要运用在安全检查、身份核验与移动支付中；商品识别主要运用在商品流通过程中，特别是无人货架、智能零售柜等无人零售领域。

在源码编辑器中，有一个与图像识别技术相关的模块——认知 AI。认知 AI 模块存在于积木实验室中，使用前需要把它添加到"积木库"中，如图 6-4 所示。

认知积木可识别的种类分别包括情绪、脸形、性别以及是否戴眼镜等。这些积木可以对计算机摄像头捕捉到的画面或者上传的图片进行识别和处理。

如图 6-5 所示，拍摄或上传一张图像（注：带人脸的图像），该脚本可以判断该图像中人脸所展示的情绪。

图 6-4

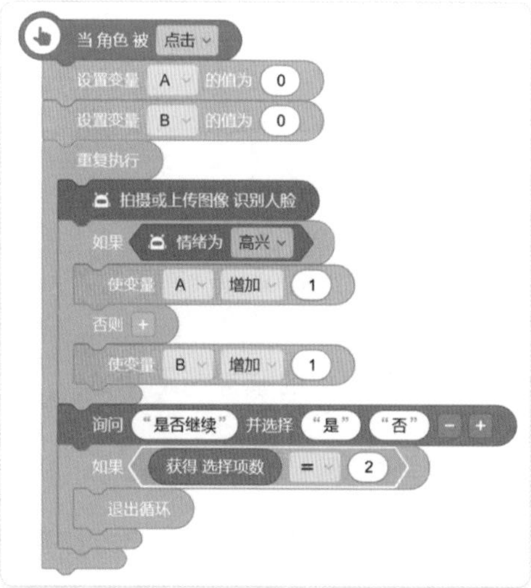

图 6-5

考点探秘

> 考题

　　小可使用人脸识别技术编写了一个考核演技的程序。脚本及列表"表情列表"

的初始值如图 6-6 所示。小可在测试程序时，依次做出惊讶、伤心、高兴的表情，则变量"得分"的数值应该是（　　）。

注：happy 为高兴；sad 为伤心；angry 为愤怒。

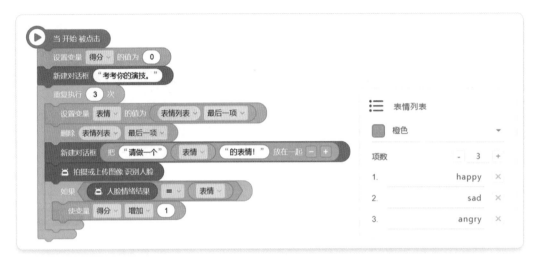

图　6-6

A．0　　　　　B．1　　　　　C．2　　　　　D．3

※ **核心考点**

考点 3　人工智能技术的应用

※ **思路分析**

本题考查学生对图像识别技术积木的掌握与运用。

※ **考题解答**

观察图中的积木，我们可以得知正确的表情顺序应该是 angry、sad、happy，而小可做出的表情依次是惊讶、伤心、高兴，答对一次得一分，最后得分应该为 2 分，故选 C。

※ **举一反三**

人工智能技术应用的普及为我们的生活带来了许多便利。小可使用人脸识别技术编写了一个程序，用来统计男生和女生的数量。图 6-7 所示的脚本中，"？"处缺失的脚本是（　　）。

A．性别为 女生　　　　B．性别为 男生

C．人脸年龄结果　　　　D．人脸脸形结果

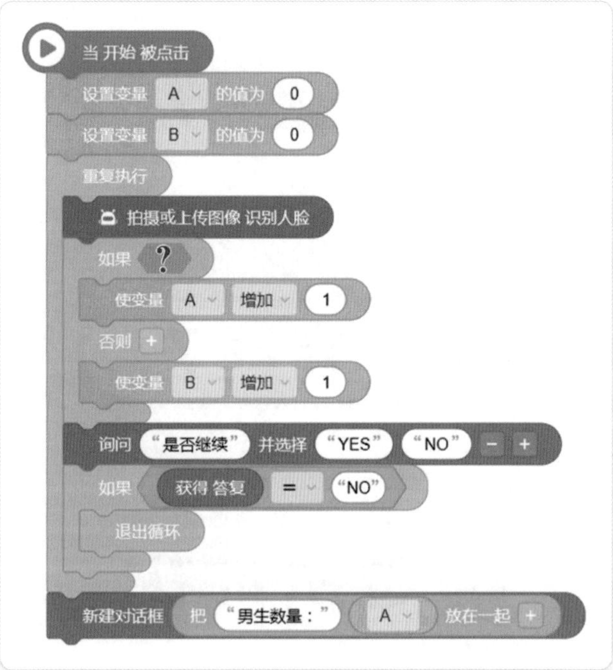

图　6-7

巩固练习

1. 以下应用中，没有用到人工智能技术的是（　　）。

    A. 打印机   B. 无人驾驶汽车

    C. 银行聊天机器人   D. 智能语音助手

2. 被称为"人工智能"之父的人是（　　）。

    A. 图灵   B. 冯·诺依曼

    C. 西蒙·派珀特   D. 艾达·洛夫莱斯

3. 以下选项中，（　　）是图像识别不会用到的技术。

    A. 特征提取   B. 模型训练

    C. 深度学习   D. 语义分析

专题7

数据可视化

数据可视化是指用直观的图形将数据信息展示出来，折线图、柱状图、饼状图等都是数据可视化最基础的应用。本专题将会介绍如何记录数据，并将数据的大小和变化趋势等信息更加直观地呈现出来。

考查方向

⭐ 能力考评方向

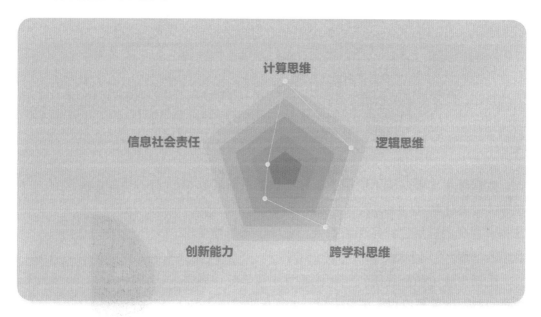

⭐ 知识结构导图

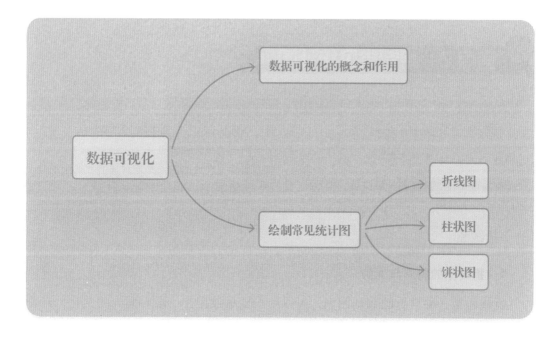

考点清单

 考点1 数据可视化的概念和作用

考点评估		考查要求
重要程度	★★★☆☆	1. 理解数据可视化的概念和作用；
难度	★★☆☆☆	2. 了解数据可视化在日常生活中的常见应用
考查题型	选择题、填空题	

数据可视化可以使用户洞悉蕴含在数据中的现象和规律。随着计算机硬件的发展与数据可视化技术的进步，数据可视化的应用领域在不断扩大，表现形式与种类也在不断增加。

生活中常见的折线图、柱状图和饼状图等统计图是数据可视化的常见应用。图 7-1 为小可月花销的饼状图，观察图像可快速得知他的零花钱花在了哪里以及哪一项花销最大。

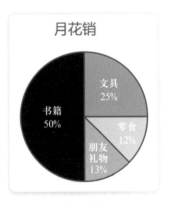

图 7-1

考点2 绘制常见统计图

考点评估		考查要求
重要程度	★★★★☆	1. 了解折线图、柱状图和饼状图等常见统计图表的优势和特点；
难度	★★★★☆	2. 能够实现数据输入并把输入的数据绘制成折线图、柱状图和饼状图
考查题型	选择题、填空题、操作题	

（一）折线图

1．折线图的特点与优势

折线图是一种常见的数据图表，可以用于显示数据在一段时间内的变化，其特点是能够清晰地反映数据的变化趋势。如图 7-2 所示，在折线图中可以清晰地观察到数据是递增还是递减、数据的变化是快还是慢。

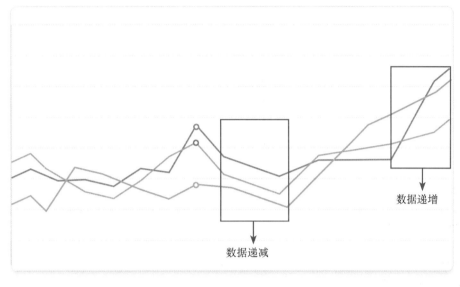

图　7-2

图 7-3 显示了我国某南方城市一年中温度的变化。其中，横轴表示时间，纵轴表示温度。

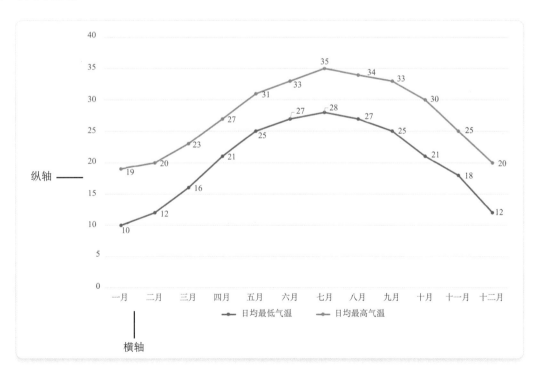

图　7-3

2．输入数据并绘制折线图

打开"专题 7- 折线图预置文件"，如图 7-4 所示，按以下步骤在给定坐标系中绘制折线图。

扫描二维码下载文件：专题 7- 折线图预置文件。

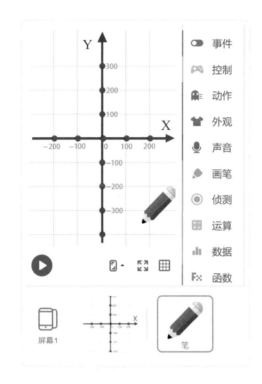

图　7-4

（1）输入并存储数据

绘制折线图前，先利用列表存储输入的数据，如图 7-5 所示。

图　7-5

（2）描点，确定每组数据在图像上的位置

在二维坐标系中，确定一个点的位置需要明确它的 X 坐标和 Y 坐标。假设将列表"数据 1"中的数据作为各个点的 Y 坐标，还需要一个列表保存点的 X 坐标。

如图 7-6 所示，根据给定的坐标系，新建列表"数据 2"表示 X 坐标。

假设运行程序后依次输入的数据为 –100、–200、0、200、100，则每组数据对应的点的坐标如图 7-7 所示。

数据2 X 坐标	数据1 Y 坐标	每组数据 点的坐标
–200	–100	(–200, –100)
–100	–200	(–100, –200)
0	0	(0, 0)
100	200	(100, 200)
200	100	(200, 100)

图 7-6   图 7-7

（3）落笔连线

如图 7-8 所示，移动画笔到第一组数据点的位置并落笔作画。每移动画笔到一组数据对应点的位置后，便删除这组数据。

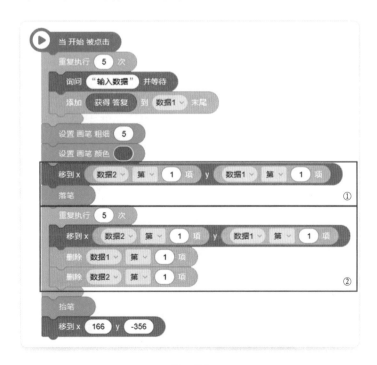

图 7-8

运行程序，绘制出的折线图如图 7-9 所示。

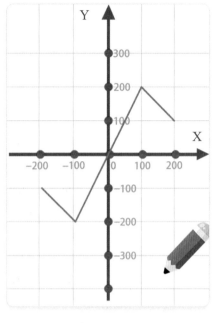

图　7-9

（二）柱状图

柱状图是一种以长方形的面积大小表示数据大小的统计图表，常用来比较各组数据之间的差别。柱状图可分为纵向柱状图和横向柱状图。

1．纵向柱状图

（1）纵向柱状图的特点

纵向柱状图中各长方形的宽度相等、高度不等，高度越高，表示的数据也越大，如图 7-10 所示。

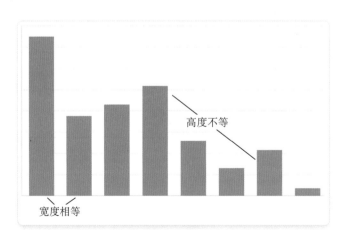

图　7-10

纵向柱状图表示数据时，横轴表示不同的数据组，纵轴代表数据的大小。如图 7-11 所示，横轴表示每分钟跳绳次数，纵轴表示人数；从图中可以非常直观地看出，每分钟跳绳次数在 70 ~ 79 次的人数最多。

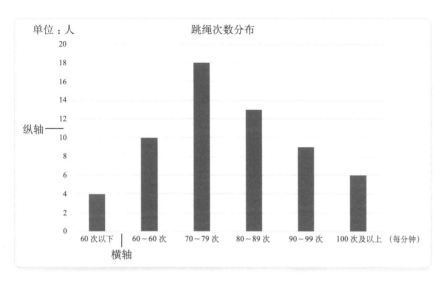

图　7-11

（2）输入数据并绘制纵向柱状图

打开"专题 7- 纵向柱状图预置文件"，如图 7-12 所示，按以下步骤在给定的坐标轴中绘制柱状图。

扫描二维码下载文件：专题 7- 纵向柱状图预置文件。

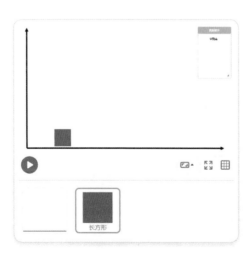

图　7-12

第一步：输入并存储数据。纵向柱状图中各长方形的高度不同，代表了不同大小的数据。假设待输入的数据共有 5 个，如图 7-13 所示，利用列表存储输入的数据。

图　7-13

第二步：绘制长方形。在绘制代表各数据大小的长方形前，先将"长方形"角色移动到横轴左侧合适的初始位置，并设置合适的宽度大小。需要注意的是，为确保只在一个方向上改变高度，角色的中心点应在角色的左下角，如图7-14所示。

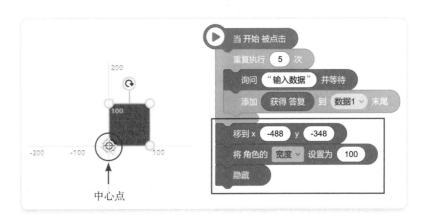

图　7-14

第三步：设置"长方形"的高度大小为列表中的各项数据，每隔一段距离就绘制一个长方形。如图7-15所示，在有终止条件的循环中，利用不断增大的变量 i 改变"长方形"的高度，直到变量 i 大于列表的长度，结束循环。

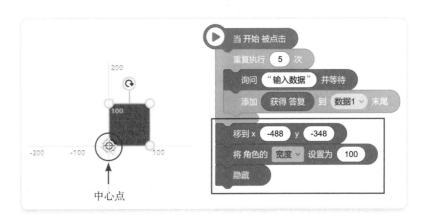

图　7-15

第四步：运行程序后，依次输入数据 100、200、500、300、150，绘制出的柱状图如图 7-16 所示。

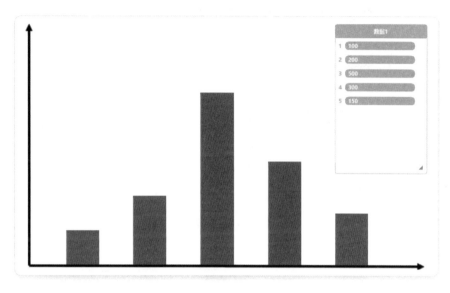

图　7-16

2．横向柱状图

（1）横向柱状图的特点

与纵向柱状图相比，横向柱状图适用于数据组较多的情况。如图 7-17 所示，各长方形的高度相等、宽度不等，宽度越大表示的数据也越大。

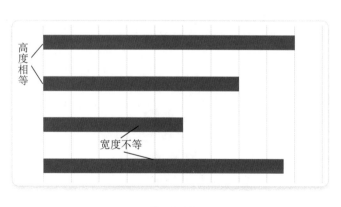

图　7-17

横向柱状图表示数据时，纵轴表示不同的数据组，横轴表示数据的大小。如图 7-18 所示，从"学生运动爱好调查"统计图中可以非常直观地看出各种运动受学生欢迎的情况。

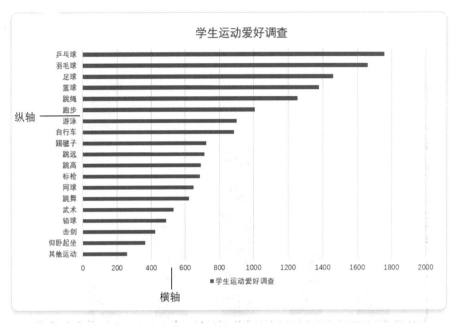

图 7-18

（2）输入数据并绘制横向柱状图

如图 7-19 所示，绘制横向柱状图的方法与纵向柱状图类似，区别有以下几点。

① 由于横向柱状图中每个长方形的高度都相等，所以需要将角色"长方形"的高度固定为一个合理的值；

② 由于横向柱状图中长方形的宽度代表数据的大小，所以应设置"长方形"角色的宽度大小为列表中的各项数据；

③ 在循环中应改变"长方形"角色的 Y 坐标。

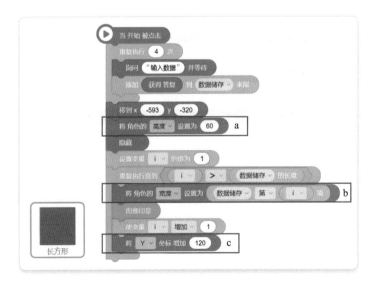

图 7-19

运行程序后，依次输入数据 100、200、500、300，绘制的横向柱状图如图 7-20 所示。

图 7-20

除了使用上述方法绘制横向柱状图，还可以使用画笔功能进行绘制。打开"专题 7- 横向柱状图预置文件"，如图 7-21 所示，按以下步骤在给定的坐标轴中绘制横向柱状图。

扫描二维码下载文件：专题 7- 横向柱状图预置文件。

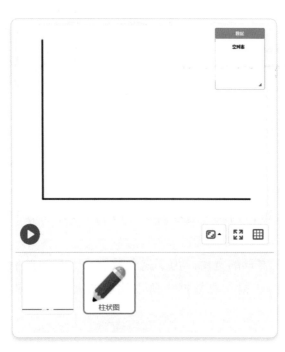

图 7-21

第一步：输入并存储数据。横向柱状图中各长方形的长度不同，代表了不同大小的数据。假设待输入的数据共有 4 个，如图 7-22 所示，利用列表存储输入的数据。

图　7-22

第二步：定义"绘制长方形"函数。横向柱状图中各个长方形的 X 坐标相同、宽度不同。以"宽度"为参数，定义函数"绘制长方形"，令画笔重复绘制多条线段组成长方形，如图 7-23 所示。

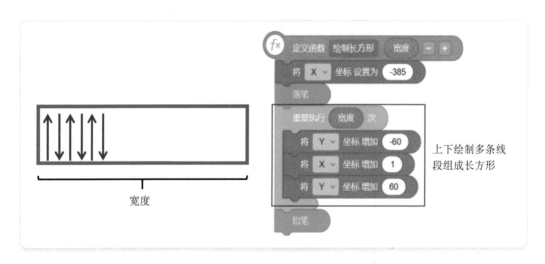

图　7-23

第三步：绘制横向柱状图。从 Y 坐标为 −200 的位置起绘制各个长方形，利用不断增大的变量 i 取出列表中的数据并传递给"绘制长方形"函数，如图 7-24 所示。

第四步：改变长方形的宽度。为了避免数据太大导致绘制的长方形超出舞台区域，可以根据不同数据在总数据中所占比例的大小来绘制长方形，如图 7-25 所示。

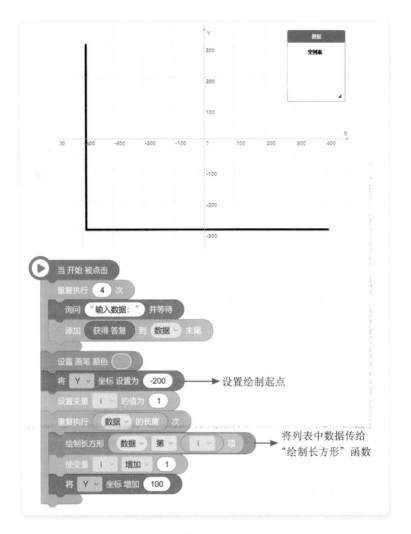

图　7-24

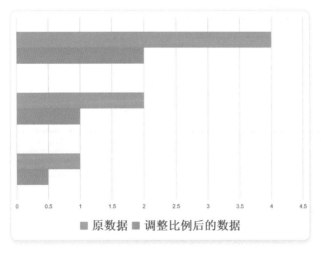

图　7-25

第五步：调整前长方形的宽度等于数据大小，调整后长方形宽度的计算公式为：新宽度 = 数据大小 ÷ 数据总和 × 横轴长度（横轴长度可利用舞台坐标轴确定）。因此，当输入的数据比较大时应增加变量统计"数据总和"并合理设置长方形的宽度，如图 7-26 所示。

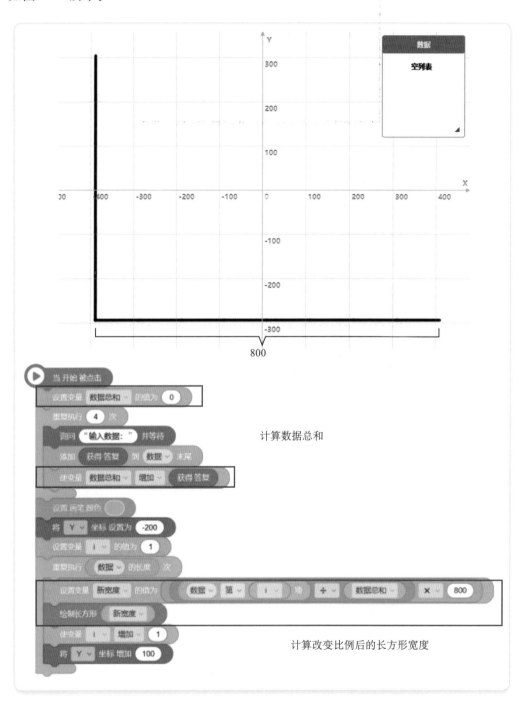

图 7-26

第六步：运行程序后，依次输入数据 1000、2000、5000、3000，绘制的横向柱状图如图 7-27 所示。

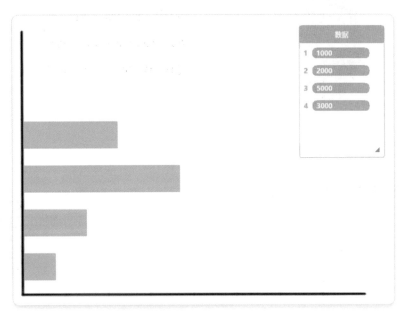

图　7-27

（三）饼状图

1．饼状图的特点和优势

饼状图常用于表示不同类别的数据占比情况，在各个领域都有广泛的应用。如图 7-28 所示，数据占比越大，所代表的扇形面积越大。

根据类别个数将圆饼划分成若干扇形，圆饼的面积大小代表数据总量，每个扇形的面积大小代表数据的相对大小，也就是该数据在数据总量中所占比例的大小。扇形面积的大小与圆心角的大小有关，在绘制扇形图时，只需计算每个扇形的圆心角即可。圆心角的计算公式为：圆心角大小 = 数据量 ÷ 数据总量 ×360°。如图 7-29 所示，饼状图展示了喜

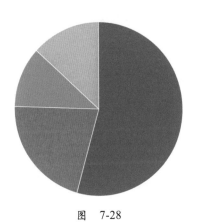

图　7-28

爱不同球类运动的人数和它们在总量中的相对大小，各个扇形的圆心角分别为 90°、108°和 162°。

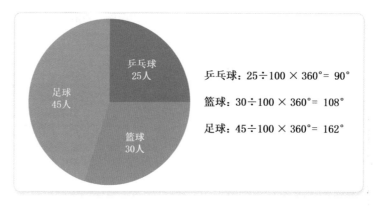

图　7-29

2．输入数据并绘制饼状图

打开"专题 7- 饼状图预置文件"，如图 7-30 所示，按以下步骤绘制饼状图。

扫描二维码下载文件：专题 7- 饼状图预置文件。

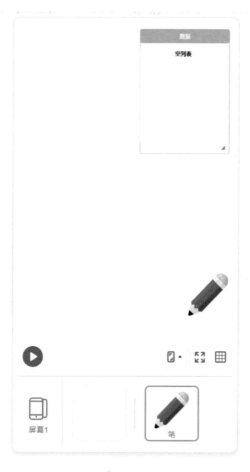

图　7-30

（1）输入并存储数据。绘制饼状图前，先用列表"数据"存储数据。假设输入 4 个数据，依次保存在"数据"列表中，并使用一个变量"和"计算数据总量，如图 7-31 所示。

（2）定义函数"绘制扇形"。与绘制横向柱状图的长方形类似，以"角度"为参数，定义函数"绘制扇形"，令画笔重复绘制多条线段以组成扇形，如图 7-32 所示。

图　7-31

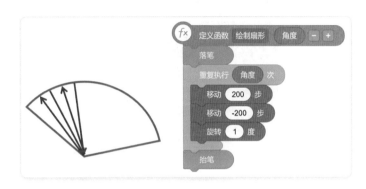

图　7-32

（3）绘制若干扇形。从舞台区原点位置（0，0）处开始绘制各个扇形，利用不断增大的变量 i 取出列表中的数据并传递给"绘制扇形"函数，如图 7-33 所示。

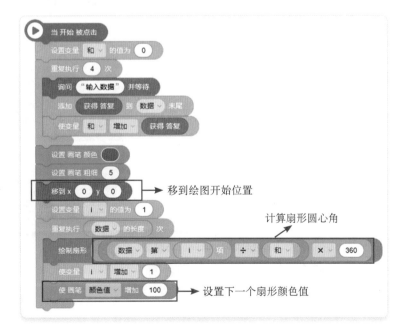

图　7-33

（4）运行程序，依次输入数据 500、750，250，600，绘制出的饼状图如图 7-34 所示。

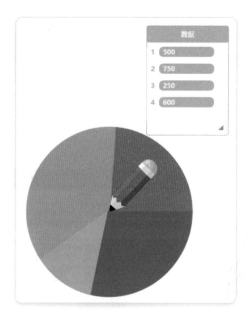

图　7-34

考点探秘

考题 I

饼状图可以直观地显示各项数据与总和的比例，如图 7-35 所示。

请根据以下要求，编写一个程序用以绘制简单的饼状图。

（1）程序运行后，提示用户输入数据，共需输入 4 次；输入完成后舞台上通过列表显示输入的 4 个数据。

（2）4 次输入的数字分别是 100、200、300、100，绘制出表示 4 个数据相对大小的饼状图。颜

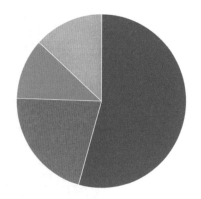

图　7-35

色自选，但需保证 4 块扇形的颜色不一样，图形的半径为 200，中心点在（0，0）。绘制完成后画笔移动到初始位置，舞台上没有其他多余线条。

使用源码编辑器（Kitten）打开预置文件进行创作。

扫描二维码下载文件：专题 7- 考题 1- 饼状图预置文件。

※ 核心考点

考点 2　绘制常见统计图

※ 思路分析

该题主要考查如何绘制饼状图。

※ 考题解答

观察预置程序可知，此题要求利用"笔"角色的画笔功能绘制饼状图。与前文所述方法一致，绘制饼状图分为三步：①输入并存储数据；②定义函数"绘制扇形"；③绘制若干扇形。

扫描二维码下载文件：专题 7- 考题 1- 饼状图答案文件。

▶ 考题 2

柱状图常用来比较各组数据之间的差别。请根据以下要求，编写一个程序用以绘制简单的柱状图。

（1）程序运行后，绘制两条相互垂直的数轴，如图 7-36 所示。

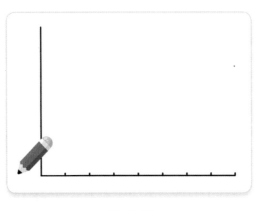

图　7-36

（2）数轴绘制完毕，提示输入数据，分 4 次输入，每次输入一个数据；输入的数据用列表实时显示在舞台区域。

（3）绘制出有 4 个数据的柱状图。按照数据输入顺序，从左向右绘制柱子，所有柱子宽度一致，在横轴上均匀分布且颜色各不相同（颜色自定）。每绘制完一根柱子，都可在其上面显示对应的数值。图 7-37 所示为两组不同数据所绘制出的柱状图示例。

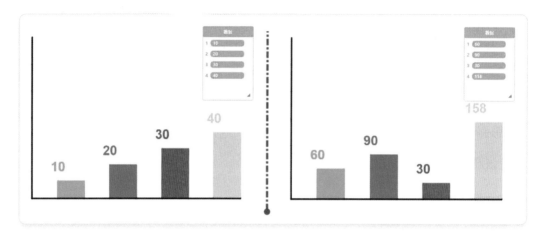

图　7-37

（4）图形无多余线条，且完整显示在舞台区域。图形绘制完毕，画笔隐藏。

使用源码编辑器（Kitten）打开预置文件进行创作。

扫描二维码下载文件：专题 7- 考题 2- 柱状图预置文件。

※ 核心考点

考点 2　绘制常见统计图

※ 思路分析

该题主要考查如何绘制柱状图。

※ 考题解答

（1）使用画笔绘制数轴。

（2）通过列表记录输入的数据，在程序中提示用户输入数据，连续输入 4 个数据并依次保存在列表"数据"中。

（3）从舞台的左侧坐标（−700，−350）开始绘制柱状图，设置每个数据在横向之间的间隔为 200。

（4）通过控制画笔的落笔与抬笔，实现舞台中无多余的线条的效果。

扫描二维码下载文件：专题 7- 考题 2- 柱状图答案文件。

巩固练习

根据要求编写程序，绘制折线图。

（1）程序运行后，要求用户输入数据，共需输入 5 次；

（2）分别以输入的 5 个数为 Y 坐标，以 −200、−100、0、100、200 为 X 坐标绘制折线图。例如 5 次输入的数字分别是 150、250、175、60、100，会绘制出如图 7-38 所示的折线图。绘制完成后画笔移动到初始位置，舞台上没有其他多余线条。

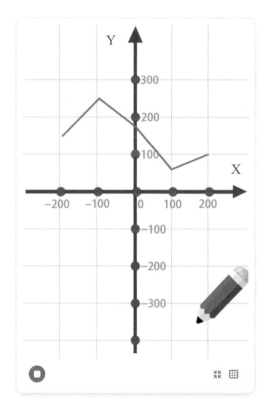

图 7-38

使用源码编辑器（Kitten）打开预置文件进行创作。

扫描二维码下载文件：专题 7- 巩固 1- 折线图预置文件。

专题8

项目分析

　　项目分析是编程前的重要工作，它能帮助我们明确需求、确定编程方向并提高编程效率。本专题将介绍项目分析中的两个技能：需求分析和问题拆解。需求分析可以帮助我们明确需求，编写出合理可行的程序；问题拆解能拆解复杂问题，让我们可以更高效、轻松地编写程序。

考查方向

⭐ 能力考评方向

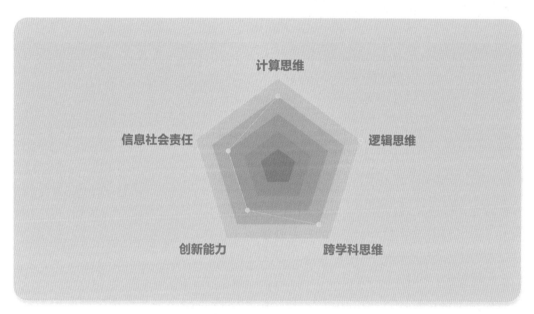

⭐ 知识结构导图

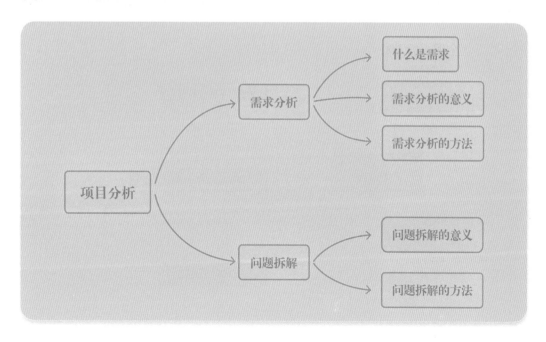

考点清单

考点 1 需求分析

考点评估		考查要求
重要程度	★★★☆☆	1. 了解需求的概念;
难度	★★★☆☆	2. 了解需求分析的意义;
考查题型	选择题、操作题	3. 掌握需求分析的方法,能够对项目进行需求分析

(一)什么是需求

需求就是想要满足的某个期望。比如坦克大战游戏,有的玩家希望能在手机上玩,有的玩家希望能有多个关卡,有的玩家希望游戏有刺激的音效……这些都是需求。

(二)需求分析的意义

假设班里要设置一个图书角,由你负责图书管理程序的设计,应该如何入手呢?首先应该收集和分析需求。收集需求是指了解用户的需求,分析需求是指对需求进行提炼。假如不先收集和分析需求,根本不可能知道同学们需要怎样的程序,也就无法编写出满足要求的程序。

对于一个图书管理程序来说,产品需求如图 8-1 所示。

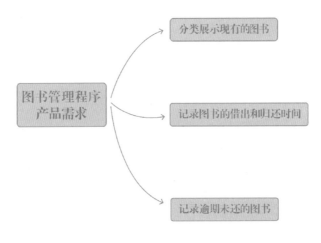

图 8-1

在接下来的编程中，你就可以根据产品需求确定程序的具体功能及对应的积木。由此可见，需求分析有以下两个意义。

一是做出更优秀的程序或产品。程序是为了满足某些用户需求才出现的，只有从需求出发，才能做出更优秀的程序。

二是将时间和精力花到"刀刃"上。盲目编写程序可能会事倍功半，只有找到最紧急、最重要的需求，才能更好地利用宝贵的时间和精力。

（三）需求分析的方法

可以从重要性和可行性两方面分析需求（见图 8-2）。

重要性是指这个需求能在多大程度上提升程序质量和用户体验。比如在坦克大战游戏中，"控制坦克"比"背景音乐"更重要，假如不能控制坦克，游戏根本无法进行。

可行性是指在编辑器中可以实现，再好的想法如果不能实现，也是徒劳的。

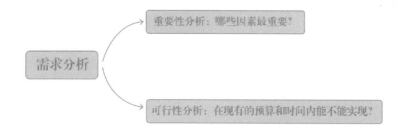

图　8-2

考点 2　问题拆解

考点评估		考查要求
重要程度	★★★☆☆	1. 了解问题拆解的意义；
难度	★★★★☆	2. 了解问题拆解的方法，掌握把复杂问题合理拆解成多个相对独立的子问题的方法
考查题型	选择题、填空题、操作题	

（一）问题拆解的意义

问题拆解是把错综复杂、难以直接解决的问题，拆解成结构清晰、易于解决且独立的多个子问题的过程。

问题拆解的意义是简化问题。假如拆解后的问题比原来的问题更难解决，那么这个拆解就毫无意义。问题拆解后，通过逐个解决子问题，从而最终解决原有的复杂问题。

（二）问题拆解的方法

问题拆解的方法有很多。在编程过程中，我们可以根据角色或功能进行问题的拆解。根据角色拆解很好理解，只需要将程序按角色拆解，再逐个完成每个角色的积木，就可以完成整个程序。根据功能拆解需要将程序的功能列出来，再逐个完成程序的功能，最终完成整个程序。

考点探秘

▶ 考题 1

阿短想要做一个简易的记账程序，可以输入每天花费的钱数（如 0、10 或 15.4 等不小于 0 的数），还可以查看每月的总花费。于是小加帮他做了需求分析，如表 8-1 所示，则表格中的①②③④处应分别填写（　　　）。

表 8-1

记 账 程 序	
需求 1	有输入按钮，单击可以输入数据，输入的数据需为___①___
需求 2	每次输入数据，都会询问___②___时间，并自动累计当月花费
需求 3	有___③___按钮，可以查询每月的总花费；有___④___按钮，可以删除错误的消费记录

A．①整数；②消费；③删除；④查询

B．①非负数；②当前；③查询；④删除

C．①5 的倍数；②当前；③删除；④查询

D．①非负数；②消费；③查询；④删除

※ 核心考点

考点 1　需求分析

※ 思路分析

本题主要考查需求分析，要求考生仔细读题，选出正确答案。

※ 考题解答

根据题意，用户可以输入任意不小于 0 的数，也就是非负数，①处应填写"非负数"；记账时，应当记录每笔消费的消费时间，而非当前时间，因此②处应填写"消费"；"查询按钮"可实现查询每月总花费的功能，"删除按钮"可实现删除错误消费记录的功能。故选 D。

※ 举一反三

阿短想要做一个动作游戏，他自己做了需求分析，如表 8-2 所示，则表格中的①②③处应分别填写（　　）。

表　8-2

动 作 游 戏	
需求 1	玩家每次击败敌人，游戏得分会___①___
需求 2	游戏过程中，后面关卡中的敌人会逐渐___②___，使游戏更具有挑战性
需求 3	游戏结束，显示___③___，方便玩家看到自己的排名情况

A．①增加；②变强；③游戏时间

B．①增加；②变强；③排行榜

C．①减少；②变强；③停止脚本

D．①减少；②变弱；③排行榜

▶ 考题 2

淘气想要完成一个让小鸟躲避水管的游戏，如图 8-3 所示，于是他将游戏拆解成如图 8-4 所示的结构图，则图中的①②③应分别填写（　　）。

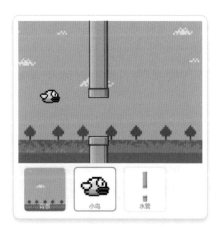

图　8-3

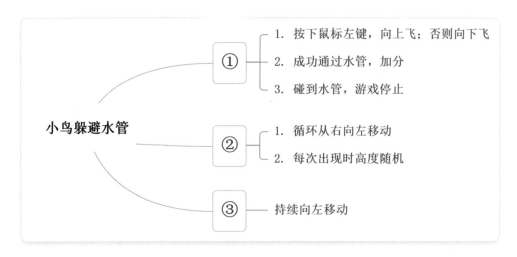

图 8-4

A. ①小鸟 ；②水管 ；③背景

B. ①背景 ；②水管 ；③小鸟

C. ①小鸟 ；②背景 ；③水管

D. ①背景 ；②小鸟 ；③水管

※ 核心考点

考点 2　问题拆解

※ 思路分析

本题主要考查问题拆解，要求考生仔细读题，将角色和功能对应起来，选出正确答案。

※ 考题解答

由题目可知，这是一个小鸟躲避水管的游戏。题目按角色对程序进行了拆解，要求将角色和拆解后的程序功能对应起来。①有向上飞功能的只能是小鸟；②循环从右向左移动而且高度随机，只能是水管；③持续向左移动的只能是背景。

答案：A

※ 举一反三

阿短想要完成一个飞机大战的游戏，如图 8-5 所示，于是他将游戏拆解成如图 8-6 所示的结构图，则图中的①②③④应分别填写（　　　）。

专题8

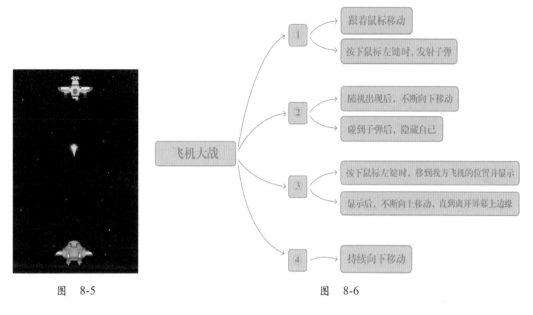

图 8-5   图 8-6

A．①我方飞机；②子弹；③敌方飞机；④背景

B．①我方飞机；②敌方飞机；③子弹；④背景

C．①敌方飞机；②我方飞机；③背景；④子弹

D．①敌方飞机；②我方飞机；③子弹；④背景

巩固练习

1．假如你想制作一款"英语词典"程序，以下需求中不必要的是（   ）。

　　A．程序能将中文翻译成英文，也能将英文翻译成中文

　　B．用户可以通过语音或文字两种方式输入单词

　　C．用户在查询单词时，程序会出现单词的释义、音标和例句

　　D．用户可以一边查单词，一边玩小游戏

2．阿短想要做一个简易闹钟，需求分析如表 8-3 所示，则表格中的①②③处应分别填写（   ）。

表 8-3

简　易　闹　钟	
需求 1	程序可以显示当前的___①___，方便用户查看
需求 2	设置闹钟时，用户可以选择___②___
需求 3	闹钟响起来时，用户可以___③___，停止闹钟

A．①时分；②闹钟铃声；③设置闹钟

B．①月份；②闹钟时间；③单击停止按钮

C．①时分；②闹钟时间；③单击停止按钮

D．①年份；②闹钟铃声；③设置闹钟

3．阿短想要完成一个植物大战僵尸的游戏，于是他将游戏拆解成如图 8-7 所示的结构图，则图中的①②③④应分别填写（　　　）。

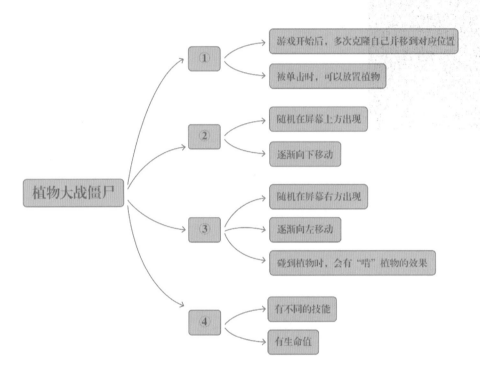

图　8-7

A．①土地；②阳光；③植物；④僵尸

B．①弹药；②背景；③僵尸；④植物

C．①阳光；②弹药；③植物；④僵尸

D．①土地；②阳光；③僵尸；④植物

专题9

角色造型及交互设计

角色造型的设计在美观、实用的同时，还应该能够让用户一眼看出它的角色定位。交互设计（Interaction Design）是定义、设计人造系统行为的设计领域。它构建两个或多个互动的个体之间交流的内容和结构，使之互相配合达到某种目的。交互设计以"在充满社会复杂性的物质世界中嵌入信息技术"为中心，努力创造和建立人与产品及服务之间有意义的关系。

专题
9

考查方向

⭐ 能力考评方向

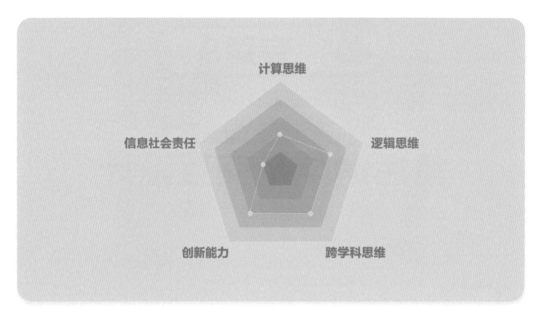

⭐ 知识结构导图

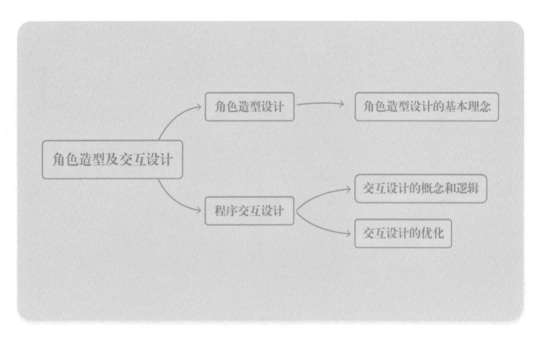

考点 1 角色造型设计

考点评估		考查要求
重要程度	★★★☆☆	
难度	★★★☆☆	角色造型设计的基本理念
考查题型	操作题	

角色造型设计的基本理念

角色造型设计在设置程序的初期起着非常重要的作用。在设计角色造型的时候，我们不仅要考虑角色的造型是否美观，还要根据程序的需求确定角色的外形、大小、数量以及如何摆放、与程序是否契合等。

1．功能性

在设计角色的时候，首先要考虑角色的功能性，也就是这个角色与其背后所运行的代码是否相关。比如要制作一个动物奔跑的程序，那么就要考虑选取什么动物比较适合，奔跑的动作需要分为多少个造型。

2．美观性

在明确了角色的功能之后，还需要考虑美观性。美观性不仅是指这个角色的外观是否好看，还包括它与整个程序中的其他角色是否协调，所以在确定作品的美术风格和整体基调之前，我们需要考虑所有程序中出现的角色，以及如何让它们在符合自己功能的前提下更加协调与美观。好的角色设计总是与其功能相关联，如图 9-1 所示。

图 9-1

考点2 程序交互设计

考点评估		考查要求
重要程度	★★★☆☆	1. 理解交互设计的概念和意义；
难度	★★★☆☆	2. 能在作品中设计合理的交互，对不合理的
考查题型	操作题	交互进行优化

（一）交互设计的概念和逻辑

要想了解交互设计的概念，首先需要清楚什么是交互。简而言之，人和一件事物（或人、机器、系统、环境等）发生双向的信息交流和互动就是一种交互行为。需要注意的是，达成交互的前提条件是这种交流和互动必须是双向的，如果只有一方的信息输出，没有另一方的回应，那么只是信息展示而不是交流互动。

那么什么是交互设计呢？交互设计是一种将交互进行预先设定并将其转换为可执行程序的设计。可以简单地理解为，交互设计把一个或者一系列交流互动用文字、图像等方式，从交流的内容、方式、规则等维度进行统一的设计。

交互设计主要包含行为设计与界面设计两个方面。

行为设计是指根据用户的各种操作习惯进行的设计。例如，网页的操作以单击为主。单击操作又可以分为"表单提交"类和"跳转链接"类两种。除单击外，还涉及拖拽操作等。

界面设计包括页面布局、内容展示等众多界面展现。例如：使用按钮还是使用图标，字号大小的应用，如何使用 Tab 键等。

举个例子，假如我们为食堂制作一款手机自动点菜系统，根据交互设计的两个层面可以考虑以下问题。

（1）行为设计

① 用户如何使用这个点菜系统，是否以触屏操作为主？

② 如果用户想要删除已点菜品，应该如何操作？

（2）界面设计

① 点菜系统的界面如何分布，是否需要设置搜索界面？

② 菜品应该在哪里展示，每一页展示多少个菜品？

③ 界面上应该设置多少个按钮，每个按钮的功能是什么，这些按钮应如何分布？

（二）交互设计的优化

交互设计没有绝对的正确和错误，所以交互设计的优化一般是一个迭代和积累经验的过程，需要通过调查并记录用户的操作习惯及反馈，对交互体验进行修改和优化。

在进行设计和优化时，除了可以通过用户的反馈进行优化，还可以参考尼尔森的八大交互设计原则。

原则一：状态可见原则（visibility of system status）

系统应该让用户时刻清楚当前发生了什么事情，也就是快速让用户了解自己处于何种状态，让用户对过去发生、当前目标以及未来去向有所了解。一般的方法是在合适的时间给予用户适当的反馈。

例如，驾驶员在驾驶汽车时可以通过仪表盘（见图 9-2）轻松地掌握汽车的时速、已行驶的公里数等，从而更加安全地驾驶。

原则二：环境贴切原则（match between system and the real world）

软件系统应该使用用户熟悉的语言、文字、语句和概念，而非系统语言。软件中的信息应该尽量贴近真实世界，让信息更自然，逻辑上也更容易被用户理解。

例如，手机中的计算器软件界面，它与现实中计算器的样式非常接近，排列布局也十分相似，如图 9-3 所示，这样的设计会让用户更容易接受。

图　9-2

图　9-3

原则三：用户可控原则（user control and freedom）

用户常常会误触到某些功能，好的设计应该让用户可以方便地退出。这种情况下，应该把"紧急出口"按钮做得更加明显，而且不要在退出时弹出额外的对话框。

很多用户发送一条消息后，总会忽然意识到有不对的地方，这个叫作临界效应，所以应该支持撤销／重做功能。

例如，使用 delete 键删除计算机中多余的文件后，被删除的文件不会直接消失而是被存放在回收站中，在回收站中可以选择还原该文件或者彻底删除该文件，如图 9-4 所示。这样就避免了误删给用户带来的困扰，充分满足了用户可控原则。

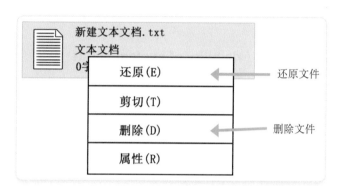

图　9-4

原则四：一致性原则（consistency and standards）

对于用户来说，同样的文字、状态、按钮都应该触发相同的事情，遵从通用的平台惯例，即同一用语、功能、操作应保持一致。软件产品的一致性包括以下 4 个方面。

结构一致性：保持一种类似的结构。新的结构变化会让用户思考，规则的排列顺序能减轻用户的思考负担。

如图 9-5 所示，素材商城中每个素材的右下方都有样式统一的"加入购物车"按钮，方便用户选购喜爱的素材，这就是结构一致性的体现。

图　9-5

色彩一致性：产品所使用的主要色调应该是统一的，而不是换一个页面颜色就不同。

如图 9-6 所示，源码编辑器的界面主要采用了黄色与淡黄色的暖色调设计，大部分的图标与背景配色都选用黄色与淡黄色。

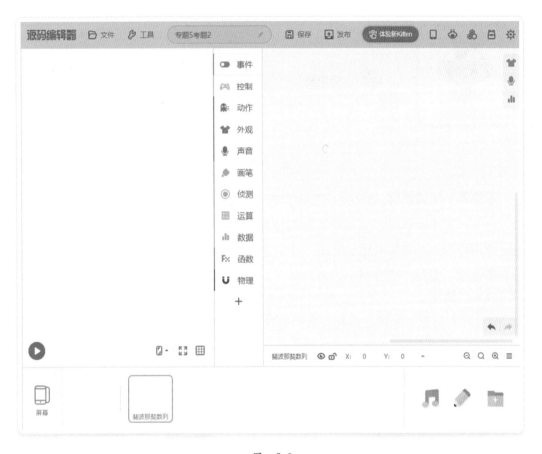

图　9-6

反馈一致性：用户在操作按钮或者条目的时候，单击的反馈效果应该是一致的。

例如，在源码编辑器中不论是哪种类型的积木和组合方式，只要将该积木或积木组拖至积木库区域就可以将其删除，如图 9-7 所示。

文字一致性：产品中呈现给用户阅读的文字大小、样式、颜色、布局等应该是一致的。

例如，在源码编辑器的不同操作界面中，虽然每个界面的功能各不相同，但是字体的颜色、布局、样式都一样，充分体现了文字一致性的原则，如图 9-8 所示。

图　9-7

图　9-8

原则五：防错原则（error prevention）

比一个优秀的错误提醒弹窗更好的设计是在这个错误发生之前就避免它。可以帮助用户排除一些容易出错的情况，或在用户提交之前给出一个确认的选项。在此，特别要注意，在用户操作具有毁灭性效果的功能时一定要有提示，以防止用户犯下不可挽回的错误。

如图 9-9 所示，如果退出源码编辑器时忘记保存作品，系统会对用户做出提醒。

图　9-9

原则六：易取原则（recognition rather than recall）

通过把组件、按钮及选项可视化可以降低用户的记忆负荷，用户不需要记住各个对话框中的信息。软件的使用指南应该是可见的，且在合适的时候可以再次查看。

如图 9-10 所示，用户在填写完自己的个人信息后，下一步应该生成表单供用户确认，而不是直接完成。

图　9-10

原则七：优美且简约原则（aesthetic and minimalist design）

交互中的内容应该弱化或者去除不相关的信息或几乎不需要的信息。任何不相关的信息都会让重要的信息更难被用户察觉。

如图 9-11 所示，根据该原则，游戏开始页面应突出"开始"按钮。

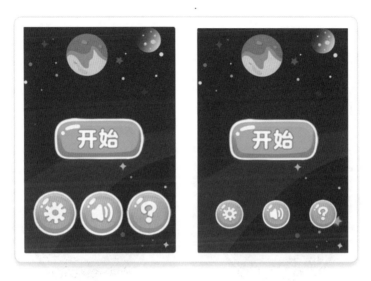

图　9-11

原则八：容错原则（help users recognize, diagnose, and recover from errors）

错误信息应该使用简洁的文字指出错误是什么，并给出解决建议。也就是在用户出错时，要帮助用户识别出错误，分析出错的原因并且帮助用户回到正确的道路上。即使不能帮助用户从错误中恢复，也要尽量为用户提供帮助，把用户的损失降到最低。

如图 9-12 所示，当输入错误的手机号码时，应当提示发生错误的原因。

图　9-12

专题
9

考点探秘

考题 1

阿短设计了一个播放音乐的软件。他为按钮设计了两个方案，如图 9-13 所示。方案 1：当光标移动到按钮上时，按钮变大并可以进行单击操作。方案 2：当光标移动到按钮上时，按钮变小并可以进行单击操作。

下列选项中描述合理的是（　　　）。

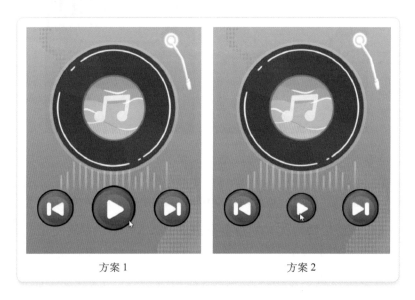

图　9-13

A．方案 1 较为合理，光标移动到按钮上时，按键放大，能有效吸引用户的注意

B．方案 2 较为合理，光标移动到按钮上时，按键变小，能有效吸引用户的注意

C．方案 1 和方案 2 都合理，我们所用过的音乐播放器 App 都是这样设置的

D．方案 1 和方案 2 都不合理，无须提醒用户单击暂停 / 播放按钮

※ **核心考点**

考点 2　程序交互设计

※ **思路分析**

本题主要考查考生对交互设计概念和用户行为习惯的理解。

※ **考题解答**

根据交互设计中界面设计的概念，按钮触碰的正反馈更有助于用户对按钮功能的理解，而图标变大比图标变小的视觉效果更加直观和明显，也能让用户更清楚地看清按钮的功能，所以应选 A。

> ## 考题 2

阿短设计了一个程序，让用户依次选择最喜欢的图片和最不喜欢的图片，两个页面的示意图如图 9-14 所示。下列选项中描述合理的是（　　）。

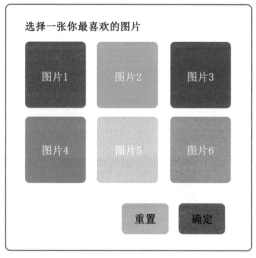

图 9-14

A．这样设置用户选择界面非常合理，符合个性化帮助原则

B．页面 1 和页面 2 中"重置"和"确定"按钮的位置不一样，容易误导用户

C．页面 1 和页面 2 的标题符合易取原则

D．页面 1 和页面 2 注重功能实现，不需要考虑美观性的设计

※ **核心考点**

考点 2　程序交互设计

※ **思路分析**

本题主要考查学生对交互设计优化八大原则的熟悉程度。

※ 考题解答

根据交互设计优化中的一致性原则"对于用户来说，同样的文字、状态、按钮，都应该触发相同的事情，遵从通用的平台惯例；即同一用语、功能、操作保持一致。"题中页面 1 与页面 2 中"重置"和"确定"两个按钮的位置反了过来，对于同样功能的页面来说，违反了一致性原则，故选 B。

巩 固 练 习

界面设计一般需要遵循以下原则：

（1）色彩搭配合理；

（2）风格一致；

（3）从用户习惯考虑；

（4）布局合理。

下列选项中，设计最合理的界面是（　　　　）。

A.
源 码 字 典
取消
搜索

B.
源 码 字 典
搜索　　取消

C.
源 码 字 典
搜索　　取消

D.
源 码 字 典
搜索　　取消

专题10

程序模块化设计

随着编程学习的不断深入，我们需要编写一些大型的、复杂的程序，这些程序可能难以入手，需要花费大量的时间来完成。程序模块化设计可以帮助我们完成编程，在减少程序代码量的同时使程序更容易被理解、被调试。

考查方向

★ 能力考评方向

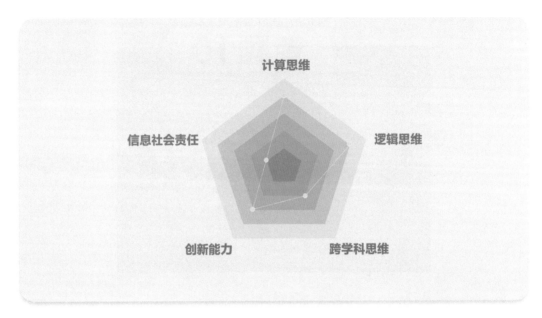

★ 知识结构导图

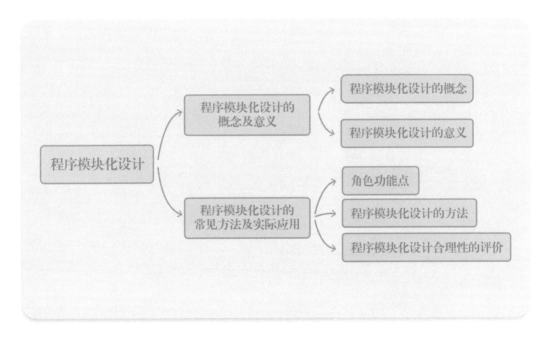

考点清单

 考点 1 程序模块化设计的概念及意义

考点评估		考查要求
重要程度	★★★☆☆	1. 了解模块化设计的概念；
难度	★★★☆☆	2. 了解模块化设计的意义
考查题型	选择题、操作题	

（一）程序模块化设计的概念

程序模块化设计是指将程序或脚本划分为若干个模块，每个模块可以完成特定的功能。

生活中的很多产品都可以划分模块。比如，台式计算机是由显示器、主机、键盘和鼠标等硬件组成，如图 10-1 所示。每一个硬件都可以看作是一个模块，每一个模块都能完成特定的功能，比如显示屏可以显示信息。

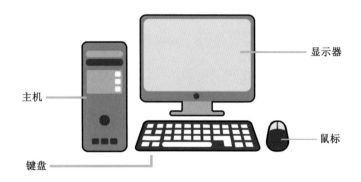

图　10-1

（二）程序模块化设计的意义

程序模块化设计主要有以下意义。

（1）便于理解。可以用两种方案画出如图 10-2 所示的图形。方案一，积木很多，不容易理解，如图 10-3 所示；方案二，用函数进行模块化设计，将所有画正多边形的积木都用函数代替，

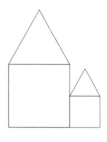

图　10-2

程序结构更清晰，更容易理解，如图 10-4 所示。

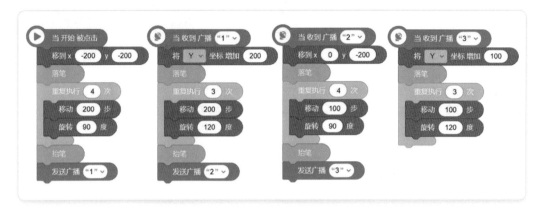

图　10-3

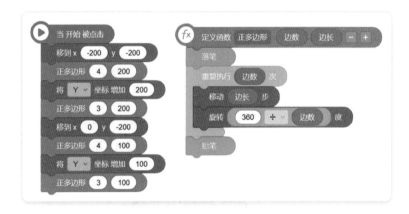

图　10-4

（2）便于调试。如果程序出现了问题，可以逐个模块进行调试，找到出错的模块后，只需要修改该模块就可以改正程序。

（3）便于复用。重复的积木组可以用同一个模块代替，从而减少程序的积木数量。

考点2　程序模块化设计的常见方法及实际应用

考点评估		考查要求
重要程度	★★★★☆	1. 掌握确定角色功能点的方法；
难度	★★★★☆	2. 掌握程序模块化设计的方法，能运用函数和多个屏幕进行模块化设计；
考查题型	选择题、操作题	3. 评价程序模块化设计的合理性

（一）角色功能点

角色功能点是指角色应该实现的功能。如表 10-1 所示，如图 10-5 所示的飞机大战游戏中，不同的角色有不同的功能点。

表　10-1

角　色	角色功能点
友方飞机	可以被玩家控制移动和发射子弹
敌方飞机	随机出现，撞击友方飞机
子弹	发射后向前移动，可以攻击敌方飞机

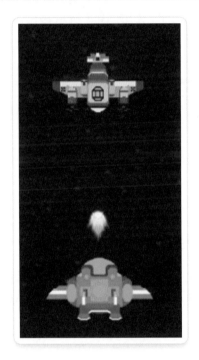

图　10-5

通常来说，角色的功能点可以通过角色在程序中所起的作用来确定。角色的功能点一般包括出现方式、移动方式、改变外观以及与其他角色互动等。

（二）程序模块化设计的方法

在源码编辑器中，实现程序模块化设计的方式主要有以下两种。

（1）利用函数实现。先将程序拆分成若干个功能相对独立的模块，再用若干个函数来完成每个模块的功能。函数可以在同一个模块内使用，也可以跨模块使用。如图 10-6 所示，在飞机大战中，假如有多个不同的敌方飞机角色，可以定义一个"敌方飞机移动"函数，并在所有敌方飞机角色的脚本区中调用。

图　10-6

（2）利用多个屏幕完成。先将程序拆分成若干个功能相对独立的模块，再用若干个屏幕来完成每个模块的功能。如图 10-7 所示，在电子贺卡中创建多个屏幕，每个屏幕展示一张电子贺卡。

图　10-7

（三）程序模块化设计合理性的评价

并非所有的模块化设计都是合理的。如果要确定当前的程序模块化设计是否合理，可以对比模块化设计前后的程序，看看是否在便于理解、调试和复用程序这三个方面有一定进步。

考点探秘

考题 I

下列选项中，不属于模块化编程优点的是（　　）。

A．减少重复代码

B．改善程序结构

C．增大程序的规模

D．易于程序维护

※ **核心考点**

考点 1　程序模块化设计的基本概念及意义

※ **思路分析**

本题考查程序模块化设计的意义。

※ **考题解答**

A 选项，在模块化编程中，程序会运用函数来减少重复代码；B 选项，模块化编程的第一步就是明确程序结构，对比非模块化编程，模块化编程可以改善程序结构；C 选项，模块化编程不是为了增大程序的规模，所以 C 选项不属于模块化编程的优点；D 选项，模块化编程可以帮助我们通过模块定位修改错误，易于程序的维护。故选 C。

※ **举一反三**

下列说法中，不正确的是（　　　）。

A．模块化编程更便于理解

B．模块化编程更便于调试

C．模块化编程更便于模块复用

D．模块化编程只能通过函数来实现

> **考题 2**

阿短在编写一个有 3 个关卡的游戏。他设计了以下两个方案，如图 10-8 所示。

方案 A：在编辑器中添加 5 个屏幕，分别是"游戏开始"屏幕、3 个"关卡"屏幕（对应 3 个关卡）和一个"游戏结束"屏幕。

方案 B：使用一个屏幕，将所有素材放在一个屏幕中。

关于两种方案说法合理的是（　　　）。

A．方案 A 设置屏幕太多，增加了游戏编写的复杂程度，不符合模块化编程的思想

B．若游戏功能较为复杂，每个关卡呈现角色较多，则使用方案 A 较合适

C．方案 B 利用一个屏幕拼接所有的积木，符合模块化编程的思想

D．若游戏功能较为复杂，每个关卡呈现角色较多，则使用方案 B 较合适

图 10-8

※ **核心考点**

考点 2 程序模块化设计的常见方法及实际应用

※ **思路分析**

本题主要考查如何评价程序模块化设计的合理性。考题给出了两个方案，学生根据不同的情况，明确两个方案的优劣。

※ **考题解答**

应该根据实际程序的复杂程度，合理运用函数和屏幕等进行模块化编程。选项 A 和选项 C 中均未提到程序的复杂程度，所以错误；如果游戏较为复杂，应该进行模块化设计，其中包括使用多个屏幕，所以选项 B 正确。

答案：B

※ **举一反三**

阿短想要制作一款跑酷游戏，他用思维导图将程序结构梳理了一遍，如图 10-9 所示，请问以下哪种说法不正确（   ）。

A．多个障碍物角色可能有重复积木，可以使用函数减少积木数量

B．可以设置三个屏幕，分别对应三个地图，便于整理角色和积木

C．主角在不同地图中的积木是相似的，可以使用函数减少积木数量

D．屏幕越多，程序越乱，应该把所有角色都放到一个屏幕中

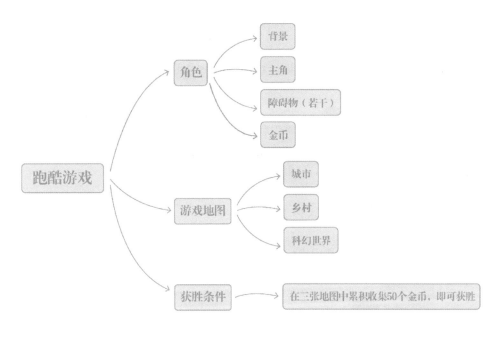

图　10-9

巩固练习

1. 阿短在源码编辑器中画出了 3 间房子的图形，如图 10-10 所示，请问以下哪个描述最合理（　　）。

　　A. 这个程序不能使用函数进行模块化编程

　　B. 这个程序应该使用多屏幕进行模块化编程

　　C. 这个程序可以使用以图形边长为参数的函数来画出所有房子

　　D. 这个程序只能使用一个函数来完成

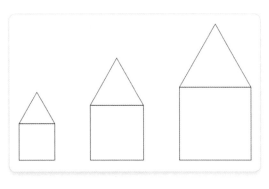

图　10-10

2. 运行图 10-11 所示的脚本，已知角色坐标为（50,0），按下鼠标，新建对话框输出的是 _____ 。

注：仅填写数字，不要填写空格、换行或其他符号。

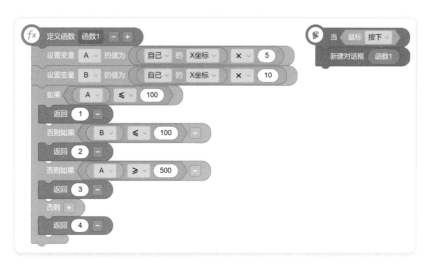

图 10-11

3. 下列关于模块化编程的说法中，不正确的是（ ）。

A．模块化编程更便于进行模块复用

B．模块化编程更便于调试

C．模块化编程只能应用在游戏中

D．模块化编程更便于理解

专题11

程 序 调 试

　　复杂的程序要经过反复的调试和修改才能保证其正常运行。程序调试作为学习程序语言设计的基础，是每个程序员都需要掌握的知识。与此同时，我们需要掌握程序调试的基本知识和技巧。本专题就让我们进一步学习几种常用的程序调试方法吧。

考查方向

⭐ 能力考评方向

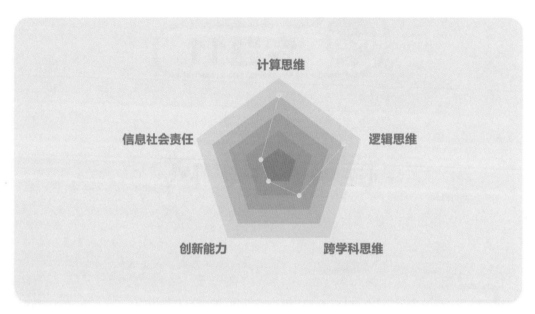

⭐ 知识结构导图

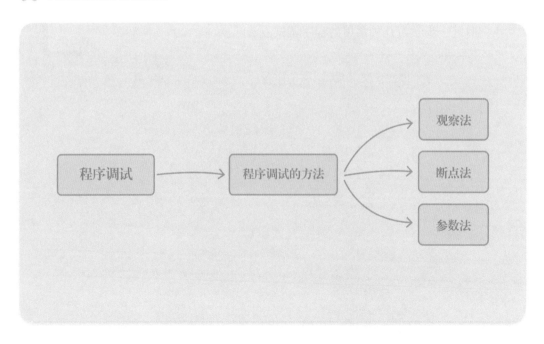

考点清单

考点 程序调试的方法

考点评估		考查要求
重要程度	★★★★★	掌握观察法、断点法和参数法，能灵活运用三种方法，定位错误所在的模块，并改正程序
难度	★★★★☆	
考查题型	操作题	

（一）观察法

观察法是指直接观察程序，定位程序错误。如图 11-1 所示，观察法一般有 4 个步骤。

图　11-1

先明确程序的预期效果，再试运行程序，通过对比找出程序运行结果与预期效果的差别，然后直接观察程序脚本，定位错误。

观察法是最常用且最直接的方法之一。发现程序运行结果与预期效果不一致时，首先使用观察法定位错误，如果使用观察法无法准确定位错误，再使用其他方法寻找程序出错的位置。

（二）断点法

断点法是指将程序分成若干个相对独立的部分，将错误定位在其中的某一部分后，再重复之前的步骤，直到找到程序出错的具体位置为止。断点法一般用于调试结构复杂、由多个模块组成的程序。

如图 11-2 所示，假如程序出现了问题，可以先将错误定位在某个角色，再将错误定位到某个脚本，从而找到错误。

专题 11

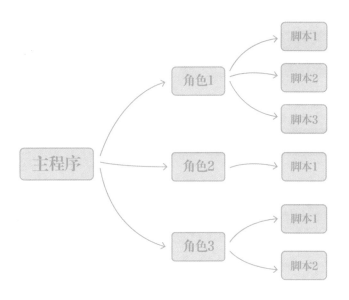

图　11-2

（三）参数法

参数法是指通过观察程序中的关键变量或列表的值，检查程序运行情况，定位程序错误。一般用于带有变量或列表的程序。

图 11-3 是有两处错误的冒泡排序脚本，我们运用参数法进行调试。

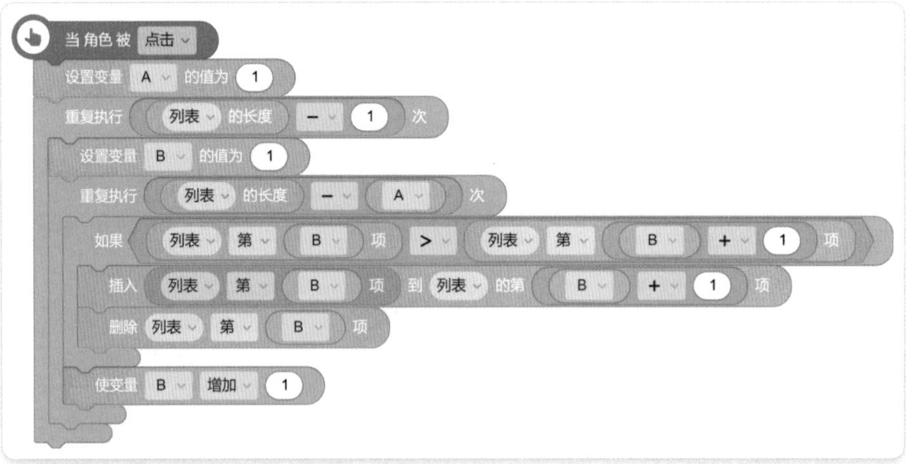

图　11-3

先简单地浏览程序。程序一共有 2 个变量和 1 个列表。变量 A 控制每轮冒泡的次数，比如第一轮冒泡的次数是列表长度减 1，第二轮冒泡的次数是列表长度减 2。变量 B 为当前冒泡的项，比如第一轮冒泡中，程序按序号从小到大的顺序冒泡，所以变量 B 从 1 开始逐渐增加。列表保存了冒泡排序的原始数据。

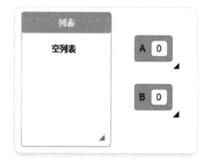

图　11-4

根据参数法，先将所有关键变量和列表显示在舞台区，如图 11-4 所示，再将"等待 1 秒"积木添加到两处"重复执行"积木中，以便细致地观察关键变量和列表的变化过程，如图 11-5 所示。

试运行程序可以看到，变量 A 的值一直是 1，这导致每一轮冒泡的次数都相同；但实际上，每一轮冒泡的次数应该逐渐递减，所以可以推断变量 A 的值有错误，应该在图 11-6 所示的位置添加"使变量 A 增加 1"积木。

再次运行程序，如图 11-7 所示，我们发现，列表的值是一直不变的。

图　11-5

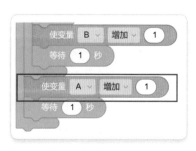

图　11-6

图　11-7

143

观察替换列表中项的脚本可以发现，如果要替换第 B 项和第 B+1 项，应该将第 B 项的值插入第 B+2 项的位置，再删除第 B 项，这样正好可以将原来两项的值互换。所以，将图中 B+1 改成 B+2，如图 11-8 所示。

图　11-8

最终程序如图 11-9 所示。

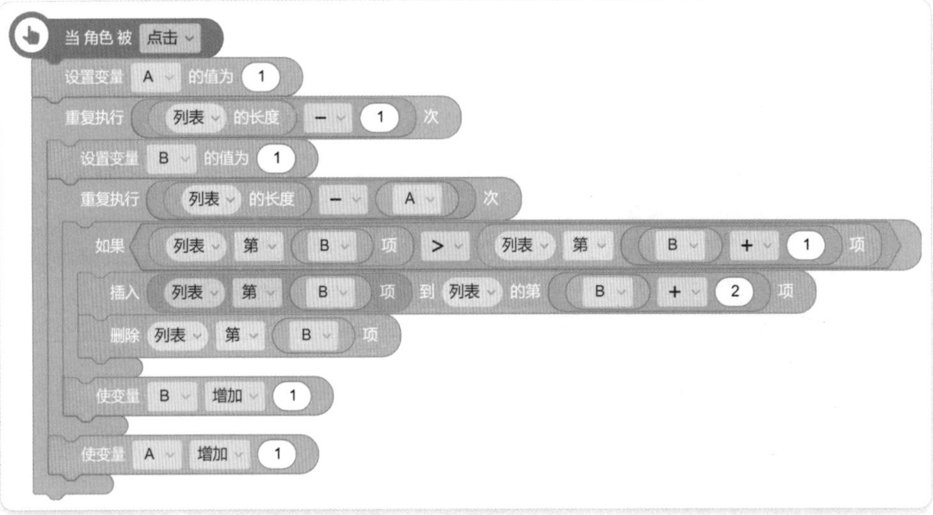

图　11-9

考点探秘

❯ 考题 I

程序的预期效果如下。

a．单击角色"机器人"，角色提示："请输入 5 个整数，并以英文逗号隔开"，然后可以获得用户输入。若用户输入的不是 5 个整数，则提示需要重新输入，并再次获得用户输入。

b．当用户输入 5 个整数后，去除一个最低分和一个最高分，求出剩余 3 个数的平均值，将平均值四舍五入，得出最终的分数。然后角色"小可"以对话的形式显示最终的得分，输出格式为"最终得分为××"。

例如，输入：1,2,3,4,5，对话显示"最终得分为 3"，如图 11-10 所示；输入：12345，对话显示"输入的不是 5 个数据，请重新输入"，如图 11-11 所示。

图　11-10　　　　　　　　　　　　　　　　　图　11-11

然而，运行程序时发现了一些问题，请根据要求按下列顺序完善程序。

（1）角色"机器人"的脚本散开，如图 11-12 所示，请正确拼接，以实现效果 a；

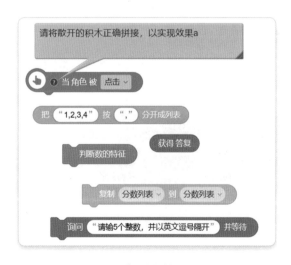

图　11-12

145

（2）角色"小可"的脚本存在一些问题，请进行修复，以实现效果 b。

扫描二维码下载文件：专题 11- 考题 1 预置文件。

※ 核心考点

考点　程序调试的方法

※ 思路分析

本题考查观察法，要求考生仔细读题解决问题。

※ 考题解答

读题后可以发现，这是一个去掉最低分和最高分后，求平均值的程序。

按程序提示，先拼接"机器人"散开的积木，实现效果 a。

程序逻辑应该是：询问 5 个整数→将整数复制到列表→判断数的特征，所以程序应该拼成如图 11-13 所示的样子。单击运行，测试效果。

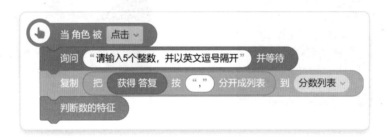

图　11-13

测试以后没有发现问题。接下来修改小可的积木，完成 b 效果，如图 11-14 所示。

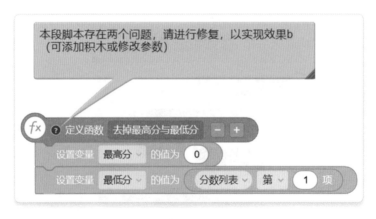

图　11-14

两处错误都比较简单，通过观察法就可以找出。如图 11-15 所示，第一处错误是"总分增加 n"，应改为"总分增加分数列表的第 n 项"；第二处错误是"最高分减去最低分"，根据源码编辑器的运算规则，这里应该是加号。

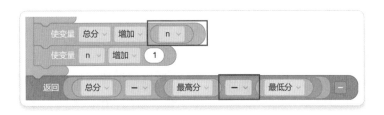

图　11-15

扫描二维码下载文件：专题 11- 考题 1 答案文件。

考题 2

阿短制作了一个"反转正整数"的程序，程序的预期效果是：输入任意正整数，程序通过对话框输出反转后的正整数。例如，用户输入 123456，程序输出 654321，如图 11-16 所示。

图　11-16

然而，运行程序时发现了问题。已知程序有两处错误，请你完善程序，实现程序的预期效果。可以添加积木或修改参数，但不能删除积木。

扫描二维码下载文件：专题 11- 考题 2 预置文件。

※ **核心考点**

考点　程序调试的方法

※ **思路分析**

本题考查观察法和参数法，要求考生仔细读题，灵活使用程序调试的方法解决问题。

※ 考题解答

第一步，观察程序，理解程序逻辑。程序将输入的正整数转换为字符串类型（临时变量），再逐个将临时变量中的字符串反方向地放到一个新的变量中，最终完成反转。

直接用观察法很难看出这个程序的问题，所以我们要采用其他调试方法。

第二步，运用参数法，将变量"数"显示在舞台区，并且增加"等待 1 秒"积木，方便观察"数"的变化，如图 11-17 所示。

运行程序可以发现，运行结果的第一个数都是 0。观察"数"变量，可以得知这是因为"数"变量的初始值为 0，只要将初始值改为空字符串即可，如图 11-18 所示。

图 11-17

图 11-18

再次运行程序可以发现，程序结果缺少了第一个数字，输入 123，却只输出 21。将"临时变量"和"循环次数"都显示在舞台区后再运行，输入 123，发现程序在第一次循环时，直接将 2 放到"数"中，字符串的位置出现了问题。所以，将"循环次数"的初始值改为 0，问题即可解决。

扫描二维码下载文件：专题 11- 考题 2 答案文件。

阿短制作了一个顺序查找的程序，程序的预期效果如图 11-19 所示。

a．程序会自动生成数据集（列表），数据集一共有 10 个数据，每个数据都是从 1 到 10 的数字中随机选择的；

b．阿短输入任意一个正整数，程序会输出这个数在数据集中的位置，如果这个数在程序中不止一个，那么程序会输出所有对应的位置。

例如：输入 5，输出"5 在列表中一共有 3 个，它们的位置分别是 1,2,6"。

图　11-19

然而，运行程序时发现了一些问题，请你根据要求按下列顺序完善程序。

（1）"当开始被点击"的脚本不完整，请在现有脚本的基础上添加积木，以实现效果 a。

（2）"当收到广播开始查找"的脚本存在两处错误，请进行修复，以实现效果 b。

扫描二维码下载文件：专题 11- 巩固练习预置文件。

149

流 程 图

　　流程图经常用来表示算法或程序内各步骤的内容、关系以及执行的顺序。流程图的内容清晰详细，人们可以按照它顺利地写出程序，而不必在编写时临时构思。流程图不仅可以用来指导编写程序，而且可以用来分析程序或检查程序的正确性。本专题将探讨如何使用流程图表示算法，以及用流程图设计和分析程序。

考查方向

★ 能力考评方向

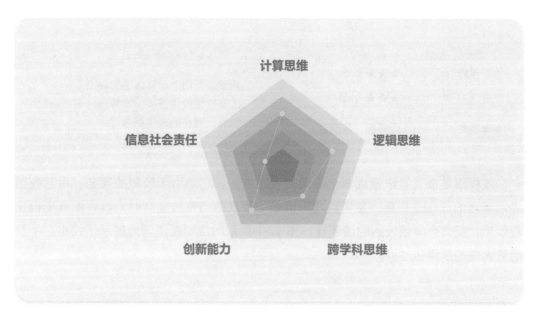

★ 知识结构导图

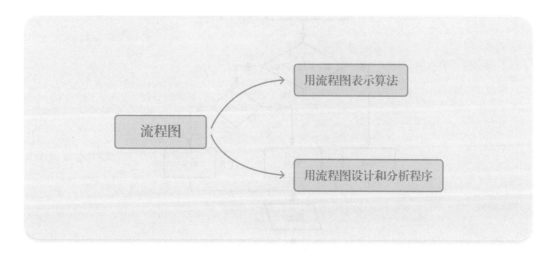

考 点 清 单

 考点 1 用流程图表示算法

考 点 评 估		考 查 要 求
重要程度	★★★☆☆	1．理解流程图表示算法的优缺点；
难度	★★★☆☆	2．能够读懂流程图表示的算法，根据流程图
考查题型	选择题、填空题	计算出程序的输出结果

　　流程图是描述算法最直观、易懂的表达方式，它适用于较短的算法。用流程图表示算法的优点是直观、易懂且逻辑清晰；缺点是当算法复杂时，流程图将变得比较烦琐，反而会降低表达的清晰性。图 12-1 所示的流程图清晰地展示了找出三个数的最大值的步骤和过程。

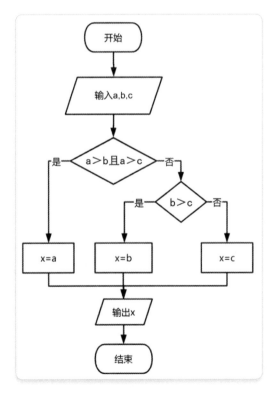

图　12-1

算法包括三种基本逻辑结构：顺序结构、选择结构和循环结构，如表 12-1 所示。

表 12-1

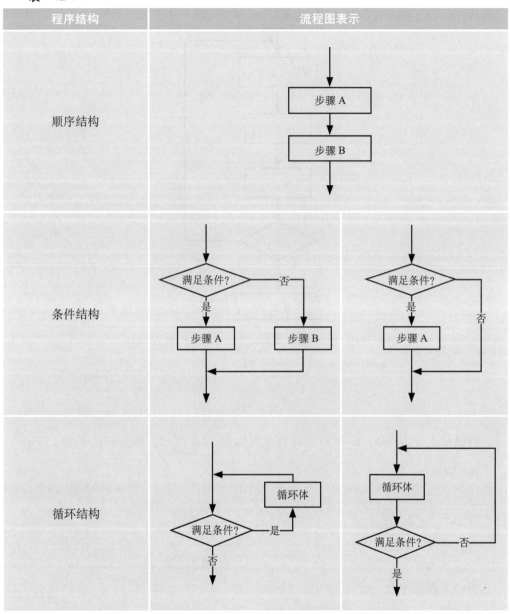

程序结构	流程图表示
顺序结构	
条件结构	
循环结构	

以求最大公约数的欧几里得算法为例，其基本原理为：两个整数的最大公约数等于其中较小的数和两数相除余数的最大公约数。如图 12-2 所示，该算法的流程图中使用了循环结构，a Mod b 表示取 a ÷ b 的余数。

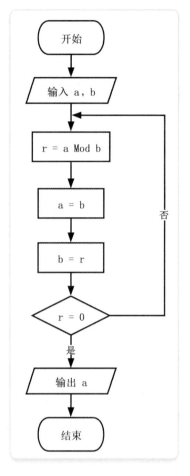

图　12-2

假设输入 a 为 165，b 为 45，计算过程如表 12-2 所示，输出的结果为 15。

表　12-2

	r	a	b
输入值	/	165	45
第 1 次循环	30	45	30
第 2 次循环	15	30	15
第 3 次循环	0	15	0
输出值	/	15	/

又如"判断一个数是否为质数"的算法，将数字 n（n＞3）作为被除数，2 ～ n 的算术平方根的各个整数轮流作为除数进行计算；如果所有除数都不能将 n 整除，则 n 为质数。如图 12-3 所示，该算法的流程图中使用了条件结构和循环结构。

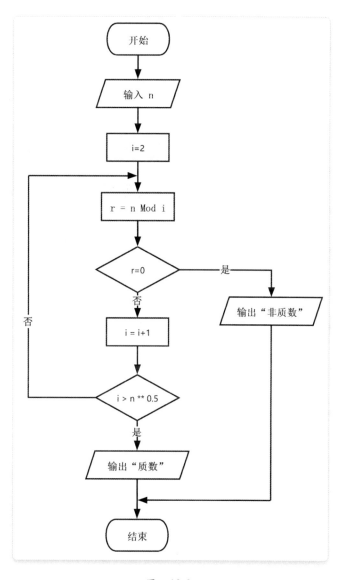

图　12-3

考点 2　用流程图设计和分析程序

考点评估		考查要求
重要程度	★★★☆☆	
难度	★★★☆☆	能够使用流程图设计和分析程序
考查题型	选择题、填空题	

流程图是一份图形化的"程序说明书"，它能指导程序的设计和编写，避免直接编程出现的逻辑性错误。以图 12-2 所示的欧几里得算法流程图为例，制作一个求最大公约数的程序。

第一步：理解流程图各个框图所代表的含义，找出对应的积木，如图 12-4 所示。

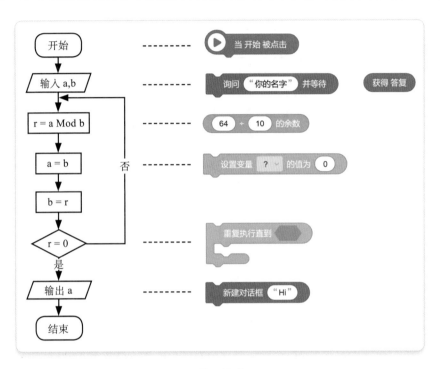

图　12-4

第二步：根据逻辑结构和执行顺序，将积木拼接在一起，并修改相应的内容，如图 12-5 所示。

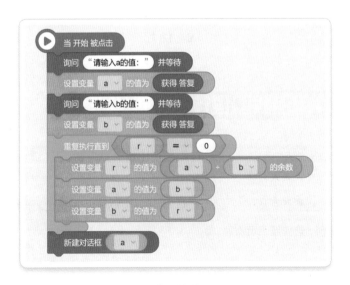

图　12-5

第三步：运行程序，检查程序的运行结果。如图 12-6 所示，运行程序后依次输入 165 和 45，输出结果为 15。

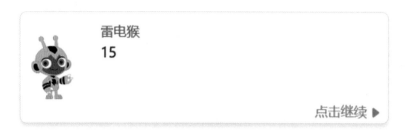

图　12-6

除此之外，流程图还可以分析程序，检查程序的正确性。如果流程图是正确的而结果不对，按照流程图逐步检查程序很容易发现其错误。如图 12-7 所示，程序运行后输入数字 70，输出结果为"质数"。

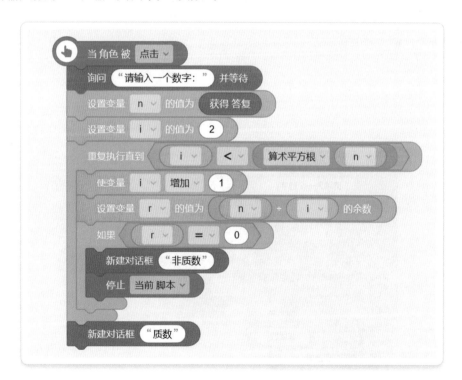

图　12-7

对照图 12-3 所示的流程图可以发现，"重复执行直到 < >"积木中的条件出错，并且循环中的积木顺序也不对，如图 12-8 所示。

修改判断条件并调整积木顺序后，正确的程序如图 12-9 所示。

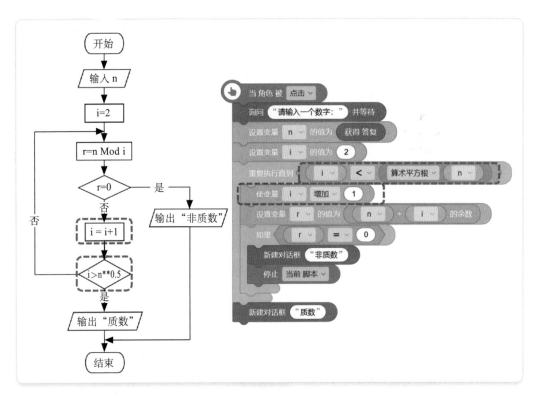

图 12-8

图 12-9

考点探秘

> ## 考题

依次输入 13，15，20，则如图 12-10 所示的流程图输出的结果是 _____。

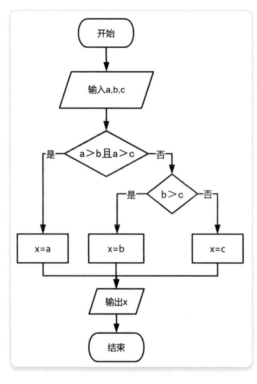

图　12-10

※ **核心考点**

考点 1　用流程图表示算法

※ **思路分析**

题目给出了流程图，要求考生能够读懂流程图，判断在给定条件下程序执行的过程。

※ **考题解答**

根据流程图，可以知道该程序表达的是找出 a，b，c 中的最大值，因此输出的结果为 20。

巩固练习

1．如图 12-11 所示的流程图运行后，a 的值为 _____。

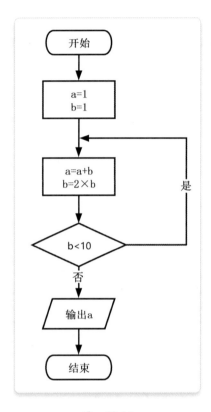

图 12-11

2．阿短想要使用源码编辑器设计一个"声控灯"程序，他的想法如下。

（1）先判断时间是否在 19 点～早上 6 点之间；

（2）再判断当前的音量是否大于或等于 50 分贝；

（3）若满足上面两个条件，则灯亮；否则灯不亮。

阿短用流程图将想法表示出来，如图 12-12 所示，则图中的 ①②③ 处应分别填写（   ）。

    A．①灯亮；②音量≥ 50；③灯不亮

    B．① 6:00 ≤ time ≤ 19:00；②灯亮；③灯不亮

    C．①音量≥ 50；②灯亮；③灯不亮

    D．①音量≥ 50；②灯不亮；③灯亮

专题
12

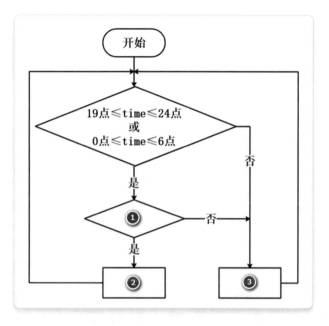

图　12-12

专题13

知识产权与信息安全

　　随着科学技术的快速发展，社会信息化程度越来越高，互联网的广泛应用使我们的生活越来越便利。我们可以通过网络学习知识、分享生活。但在互联网给我们提供便利的同时，知识产权保护和各种信息安全问题也日益凸显。了解知识产权的相关知识和信息安全防护措施，维护网络安全是每一位互联网用户应尽的责任。

考查方向

⭐ 能力考评方向

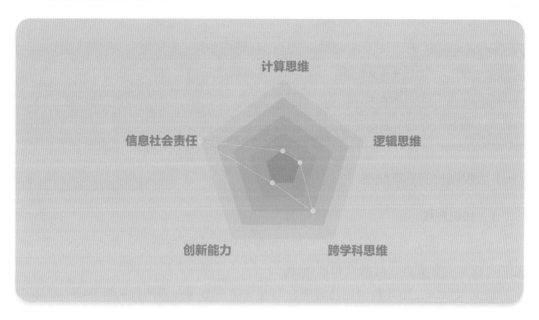

⭐ 知识结构导图

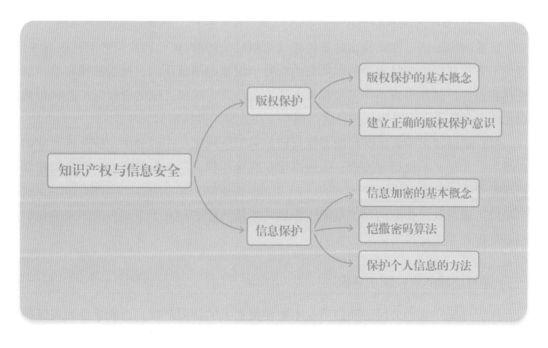

考点 1　版权保护

考 点 评 估		考 查 要 求
重要程度	★★★☆☆	1．了解版权保护的基本概念；
难度	★★★☆☆	2．建立正确的版权保护意识
考查题型	选择题、填空题	

（一）版权保护的基本概念

1．知识产权

知识产权由人身权利和财产权利两部分构成，也可称为精神权利和经济权利。知识产权具有专有性、时效性和地域性。

根据《中华人民共和国民法通则》第五章第三节《知识产权》第 94 ～ 97 条中的界定，知识产权包括著作权（或版权）、专利权、商标专用权、发现权、发明权和其他科技成果权。其中著作权、专利权和商标专用权是知识产权的三大支柱。

2．国内外版权保护的区别

目前国际上认可度比较高的条约是《伯尔尼公约》，该公约参与的成员国最多，是关于著作权保护的最重要的国际公约。各个国家的国情不同，社会法律和政治制度存在差异，因此尽管不同国家都加入了该公约，但国家之间的版权保护条例仍然存在较大差异。下面以著作权为例，列举一些差异，供同学们参考。

（1）根据《中华人民共和国著作权法》第二条规定：中国公民、法人或者非法人组织的作品，不论是否发表，依照本法享有著作权。而在有些国家，作品需要登记或者发表才能享有著作权。

（2）通常我国作品的保护期限为作者终生及其死亡后五十年，有的国家的保护期限是作者终生及其死亡后七十年。

（二）建立正确的版权保护意识

作为遵纪守法的公民，我们不仅不能侵害别人的知识产权，也要学会如何保护自己的知识产权。

1．常见的知识产权侵害行为

（1）未经著作权人许可，复制发行其文字作品、音乐、电影、电视、录像作品、计算机软件及其他作品的行为。

（2）出版并售卖他人享有专有版权的图书的行为。

（3）制作、出售假冒他人署名的美术作品或摄影作品等行为。

（4）伪造、擅自制造或销售他人注册商标标识的行为。

2．常见的保护自身知识产权的方法

（1）在自己的文学、艺术、软件等作品中署名。

（2）在网络上公开的图像、文章等信息中添加水印等个人标签。

（3）发现有人侵害自己的知识产权时应该及时联系对方制止侵权行为并积极维权。

3．版权保护对网络创新的影响

据中国互联网络信息中心（CNNIC）发布的《第 43 次中国互联网络发展状况统计报告》的数据显示，在网络娱乐类应用发展上，我国网络音乐、网络文学、网络游戏和网络视频用户都在不断增长。随着数字作品呈爆发式增长，海量内容版权记录、确权、维权举证等问题日益突出，网络版权保护势在必行。

网络版权保护有利于激发版权创作，助推互联网创新发展。我国国家版权局自2017 年开始连续三年举办中国网络版权保护大会，深入宣传我国知识产权保护工作成效，由此可见网络版权保护的重要性。

考点 2　信息保护

考点评估		考查要求
重要程度	★★★☆☆	1．了解信息加密的含义和意义；
难度	★★★☆☆	2．理解恺撒加密的原理；
考查题型	选择题、填空题	3．掌握保护自己个人隐私的方法

（一）信息加密的基本概念

信息加密是指将信息改变为难以读取的密文内容，使之不可读的过程。加密并不能防止信息被他人截取，但能防止截取者理解信息内容，从而保证信息安全。

　　将信息（明文）转换成难以理解的内容（密文）的过程称为"加密"，将密文转换回明文的过程称为"解密"。"秘钥"是指用来完成加密和解密的秘密信息。理想情况下，只有获得授权的人员才可以通过发信人提供的密钥解密信息。加密之所以能够保证信息的安全，正是因为密钥的绝对隐藏性。

　　信息加密在互联网的信息交流中非常常见，例如，用户的账户密码需要加密后再保存在网站数据库中，如果将密码信息直接以明文的形式保存，极有可能被不法分子获取。因此网站设计者会对数据库的信息进行加密，这样即使数据库被攻击，不法分子没有密钥也不能读取密码信息。

（二）恺撒密码算法

　　恺撒密码是罗马扩张时期朱利斯·恺撒用于加密作战命令的一种简单又经典的加密技术，又称为恺撒加密、恺撒变换、变换加密等。

　　这是一种替换加密的技术，明文中的所有字母在字母表上向后（或向前）按照一个固定数目进行偏移后被替换成密文。例如，加密规则是将原来的字母向右移动2位，则字母 A 变为 C，字母 B 变为 D……字母 X 变成 Z，字母 Y 变为 A，字母 Z 变为 B，如图 13-1 所示。

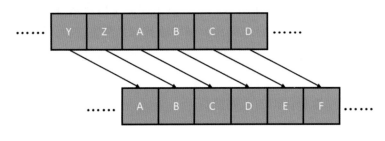

图　　13-1

　　假如明文的内容为"dog"，密文的内容为"grj"，这就意味着明文向右移动3位——d 变成 g，o 变为 r，g 变为 j。此时，这里移动的位数"3"就是加密和解密过程中用到的密钥。

　　由于使用恺撒密码进行加密的语言一般是字母文字系统，可以使用的密钥数量（移动位数）是有限的，例如使用 26 个字母的英语，它的偏移量最多就是 25。因此，恺撒密码比较容易被破解，安全性较低。

　　现代社会常用的加密算法有 MD5 算法、对称密码算法和非对称密码算法等。感兴趣的读者可以自行查阅相关资料，在此不做深入介绍。

（三）保护个人信息的方法

截至 2020 年 3 月，我国互联网用户已达 9 亿人，互联网网站超过 400 万个。随着个人信息的收集、使用愈加广泛，违法获取、过度使用和非法买卖个人信息等违法违规行为也时有发生。信息加密只是保障信息安全的一种手段，为了保障个人信息的安全，我们可以尝试以下几种方法。

（1）为计算机、手机和平板电脑等上网工具加密，设置登录密码。

（2）提高计算机的安全性，例如设置防火墙、安装杀毒软件、定期对系统进行升级等，确保计算机的安全设置可以帮助我们免受恶意软件和专门窃取个人信息的黑客的直接攻击。

（3）养成良好的网络习惯，包括但不限于以下几点。

① 不要共享不必要的信息，尽可能少地提供可识别个人身份或行踪的详细信息。

② 阅读网站的隐私策略，了解如何使用、共享、保护、编辑和删除个人数据，避免使用没有隐私声明的网站。

③ 查看社交网络的隐私设置，确保没有共享不希望公开的内容。

④ 谨慎地选择朋友，在添加联系人和好友时确认账号是否真实。

⑤ 避免在公用计算机或处于公共无线网络的任何设备上支付账单和购物。

⑥ 设置高强度的密码，尽量不要多个账号使用同一密码。

考点探秘

▶ 考题 1

下列说法合理或正确的是（　　　）。

A．加密算法常用于网络数据传输

B．电子图书没有版权

C．恺撒密码是现代常用的加密方式

D．网络社区与现实社区之间没有关联，因此我们无须为自己在网络社区里的行为负责

※　核心考点

考点 1　版权保护

考点 2　信息保护

※ 思路分析

本题考查考生对于版权保护和个人信息安全保护等相关知识点的掌握程度。

※ 考题解答

A 选项，为保护数据安全，加密算法常用于网络数据传输，正确；B 选项，电子图书也是有版权的，错误；C 选项，恺撒密码不适用于目前的数据传递，信息容易泄露，错误；D 选项，人人都应该对自己在网络上的言行负责，错误。故选 A。

❯ 考题 2

下列选项中，行为合理的是（　　　）。

A．收到所谓的学校官方短信提醒，就将自己的身份证号码与父母的手机号上传

B．看到网上有代抽奖服务，向其转账

C．在学校门口的宣传摊位随意留下父母的手机号

D．不轻易告诉陌生人自己的生日等信息

※ 核心考点

考点 2　信息保护

※ 思路分析

本题考查考生对于个人信息的保护。

※ 考题解答

A 选项，一般骗子会利用短信套取个人信息进行诈骗，收到陌生短信需要注意其真实性；B 选项，网络上的虚拟服务都具有一定的风险性，请勿轻信；C 选项，保护家人隐私，不要随意给陌生人留下信息；D 选项，不要轻易告诉陌生人自己的个人信息，描述正确，故选 D。

巩固练习

1．下列选项中，做法合理的是（　　　）。

A．编写计算机病毒，攻击他人计算机

B．未经软件著作人同意，复制其软件并进行售卖

C．制造并传播谣言

D．对计算机中的重要数据进行备份

2．下列说法合理或正确的是（　　）。

A．将个人账号的密码都设置成 12345678，以免遗忘

B．购买盗版书籍，省钱又实用

C．版权纠纷离我们很远，我们不需要了解相关知识

D．信息加密技术是指对电子信息进行保护，以防泄漏的技术

专题14

虚拟社区中的道德与礼仪

　　虚拟社区是人们在网络上实现社会互动的单位与空间。由于虚拟社区具有不同于现实社区的虚拟性和开放性，所以在给我们带来便利生活和丰富信息的同时，也带来了无尽的烦恼。本专题将揭晓两大核心问题的答案：如何在网络活动中规范自己的行为，以及如何从网络信息的汪洋大海中辨别真伪。

考查方向

⭐ 能力考评方向

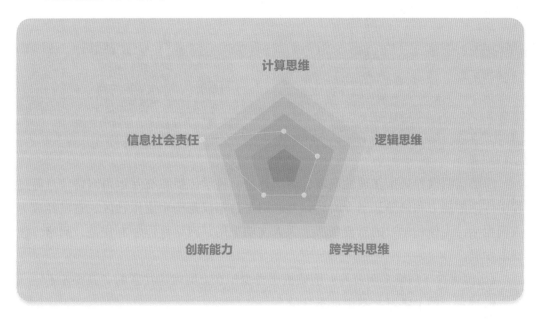

⭐ 知识结构导图

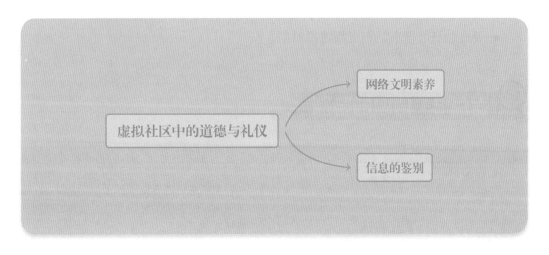

考点清单

考点 1 网络文明素养

考点评估		考查要求
重要程度	★★☆☆☆	1. 了解网络文明素养的含义；
难度	★☆☆☆☆	2. 了解《全国青少年网络文明公约》的内容，能够遵守虚拟社区的道德和礼仪
考查题型	选择题	

网络文明素养是指在理性获取、客观评价、科学传播和交互运用网络信息等过程中体现的能力和修养。当今时代，互联网平台不仅是一个虚拟社区，它已经成为人们生活、工作和学习的重要场所。人人文明上网，网络秩序才有规范，网络才能健康发展。

《全国青少年网络文明公约》明确提出青少年在上网时应注意的"五要五不"：

- 要善于网上学习，不浏览不良信息；
- 要诚实友好交流，不侮辱欺诈他人；
- 要增强自护意识，不随意约会网友；
- 要维护网络安全，不破坏网络秩序；
- 要有益身心健康，不沉溺虚拟时空。

考点 2 信息的鉴别

考点评估		考查要求
重要程度	★★☆☆☆	1. 能够识别常见的不良信息与诈骗手段；
难度	★☆☆☆☆	2. 掌握常见的鉴别信息的方法，能够鉴别网络信息的真伪
考查题型	选择题	

很多事物都具有两面性，网络在带给我们海量资讯的同时，也充斥着大量的不良信息。我们不仅要做到不伤害别人，也要注意不被他人伤害，要具备信息鉴别的

专题 14

能力，避免被不良信息、虚假信息影响。网络上的不良信息与诈骗手段一般有以下几种。

（1）通过兼职、刷单、贷款等方式引诱受害人填写个人信息，骗取保证金。

（2）通过编造谎言交朋友，博取同情心，向受害人借钱。

（3）利用明星等具有吸引力的图片、视频引导点击，让计算机感染病毒。

（4）伪造中奖等信息，诱导受害人填写个人资料并骗取手续费。

（5）其他违反道德甚至违法的行为。

在加工利用和传播网络信息前，应当先对信息进行鉴别。常用的鉴别方法有以下几种。

（1）确定信息来源是否可信、可靠。在接触信息的第一时间应明确信息来源，信息来源不可信、不可靠时，很可能存在无中生有、虚构新闻、信息残缺、恶意炒作和造谣诽谤等现象。

（2）判断信息在传播中是否发生变化。信息在传播过程中容易出现内容缺失的现象，或者在转发过程中由于主观偏好会对部分事实添油加醋。因此，我们需要多方查证，确保信息内容的真实性，例如可以利用搜索引擎，倾听不同渠道（官方网站、论坛、权威媒体等）的声音。

（3）思考信息本身是否符合逻辑。应当辨证地看待信息，分析其中理由是否真实、推理是否充足、论证是否全面。

（4）求助专家、老师或家长。他们的信息来源广，获取信息更早；知识面广，通常具备鉴别信息的能力。

考点探秘

▶ 考题 1

下列选项中，行为合理的是（　　　）。

A．认识 3 个月的网友邀约见面，欣然答应并且准备赴约

B．在网络论坛中对他人作品留言："你的作品太弱智"

C．在填写姓名和手机号之前，再三确认网站是否为官网

D．看到网上的刷单赚零花钱的信息，加好友咨询

专题
14

※ 核心考点

考点 1　网络文明素养

※ 思路分析

本题考查考生是否能够遵守虚拟社区的道德与礼仪。

※ 考题解答

根据《全国青少年网络文明公约》，不应随意约会网友，A 选项错误；在虚拟社区中，应尊重他人的劳动成果，不随意贬低他人作品，B 选项错误；网络上兼职刷单的行为违反了网络道德，属于欺骗行为，D 选项错误。故选 C。

＞ 考题 2

下列选项中，行为合理的是（　　）。

A．发现网络上他人的观点和自己不一样，就将其截图并"挂"在社交媒体上

B．看到网上有代充值服务，向其转账

C．看到网上有游戏代练服务，向其客服咨询并有意转账

D．看到非官方发布的信息不轻信

※ 核心考点

考点 1　网络文明素养

考点 2　信息的鉴别

※ 思路分析

本题考查考生是否能够遵守虚拟社区的道德与礼仪，是否掌握信息鉴别的一般方法。

※ 考题解答

面对不同的观点应该理性对待，不随意公布他人的信息，以免侵犯他人权益，A 选项描述的行为不合理；不轻信第三方的消息，面对非官方的消息应向官方查询真伪，B 选项描述的行为不合理；适度游戏，不沉迷游戏，不轻信非官方的消息，C 选项描述的行为不合理；非官方消息不能轻易相信，D 选项描述的行为合理。故选 D。

巩固练习

1．下列做法中合理的是（　　）。

　　A．在群聊中发送偷拍的照片

　　B．在社交媒体中，转发大量"抽奖"信息，并填写个人资料

　　C．在网上发布的信息中，要学会识别信息的真实性，不随意转发

　　D．在别人的作品下评论"这个我早就会了"

2．下列做法中合理的是（　　）。

　　A．面对网友的"谩骂"，在网上发帖反击并"人肉搜索"

　　B．面对网友的"谩骂"，及时告知对方正在侵害自己的合法权益，并保留证据

　　C．面对网友的"谩骂"，把他的信息公布在网上让大家"评评理"

　　D．面对网友的"谩骂"，找黑客破坏他的计算机

附　　录

附录A

青少年编程能力等级标准：第1部分

1　范围

本标准规定了青少年编程能力的等级划分及其相关能力要求。

本部分为本标准的第1部分，给出了青少年图形化编程能力的等级划分及其相关能力要求。

其他部分根据各个不同的编程语言和领域，给出相应的青少年编程能力的等级划分及其相关能力要求。

本部分适用于青少年图形化编程能力教学、培训及考核。

2　规范性引用文件

下列文件对于本文件的应用必不可少。凡是注明日期的引用文件，仅注明日期的版本适用于本文件。凡是不注明日期的引用文件，其最新版本（包括所有的修改单）适用于本文件。

《信息技术　学习、教育和培训　测试试题信息模型》（GB/T 29802—2013）

3　术语和定义

3.1　图形化编程平台

面向青少年设计的学习软件程序设计的平台。无须编写文本代码，只需要通过鼠标将具有特定功能的指令模块按照逻辑关系拼装起来就可以实现编程。图形化编程平台通常包含舞台区来展示程序运行的效果，用户可以使用图形化编程平台完成动画、游戏、互动艺术等编程作品。

3.2　指令模块

图形化编程平台中预定义的基本程序块或控件。在常见的图形化编程平台通常被称为"积木"。

3.3　角色

图形化编程平台操作的对象，在舞台区执行命令，按照编写的程序活动。可以通过平台的素材库、本地文件或画板绘制导入。

3.4 背景

角色活动所对应的场景，为角色的活动提供合适的环境。可以通过本地文件、素材库导入。

3.5 舞台

承载角色和背景动作的区域。

3.6 脚本

对应的角色或背景下的执行程序。

3.7 程序

包含背景、角色、实现对应功能的脚本的集合，可以在计算机上进行运行并在舞台区中展示效果。

3.8 函数 / 自定义模块

函数 / 自定义模块是组织好、可重复使用、实现了单一或相关联功能的程序段，可以提高程序的模块化程度和脚本的重复利用率。

3.9 了解

对知识、概念或操作有基本的认知，能够记忆和复述所学的知识，能够区分不同概念之间的差别或者复现相关的操作。

3.10 掌握

能够理解事物背后的机制和原理，能够把所学的知识和技能正确地迁移到类似的场景中，以解决类似的问题。

3.11 综合应用

能够根据不同的场景和问题进行综合分析，并灵活运用所学的知识和技能创造性地解决问题。

4 图形化环境编程能力等级概述

本部分将基于图形化编程平台的编程能力划分为三个等级。每个等级分别规定相应的总体要求及对核心知识点的掌握程度和能力要求。本部分第 5、6、7 章规定的要求均为应用图形化编程平台的编程能力要求，不适用于完全使用程序设计语言编程的情况。

依据本部分进行的编程能力等级测试和认证，均应使用图形化编程平台，应符合相应等级的总体要求及对核心知识点的掌握程度和对知识点的能力要求。

本部分不限定图形化编程平台的具体产品，基于典型图形化编程平台的应用案例作为示例和资料性附录给出。

青少年编程能力等级（图形化编程）共包括三个级别，具体描述如表 A-1 所示。

表 A-1　图形化编程能力等级划分

等　级	能　力　要　求	能力要求说明
图形化编程一级	基本图形化编程能力	掌握图形化编程平台的使用，应用顺序、循环、选择三种基本的程序结构，编写结构良好的简单程序，解决简单问题
图形化编程二级	初步程序设计能力	掌握更多编程知识和技能，能够根据实际问题的需求设计和编写程序，解决复杂问题，创作编程作品，具备一定的计算思维
图形化编程三级	算法设计与应用能力	综合应用所学的编程知识和技能，合理地选择数据结构和算法，设计和编写程序解决实际问题，完成复杂项目，具备良好的计算思维和设计思维

5　图形化编程一级核心知识点及能力要求

5.1　综合能力及适用性要求

要求能够使用图形化编程平台，应用顺序、循环、选择三种基本的程序结构，编写结构良好的简单程序，解决简单问题。

例：编程实现接苹果的小游戏，苹果每次从舞台上方随机位置出现并下落。如果落出舞台或者被篮子接到就隐藏，然后重新在舞台上方随机位置出现，并重复下落。被篮子接到一次则游戏分数加 1。

图形化编程一级综合能力要求分为以下几项。

- 编程技术能力：能够阅读并理解简单的脚本，能预测脚本的运行结果；能够通过观察运行结果的方式对简单程序进行调试；能够为变量、消息进行规范命名。
- 应用能力：能够应用图形化编程环境编写简单程序，解决一些简单的问题。
- 创新能力：能够使用图形化编程环境创作包含单个场景、少量角色的简单动画或者小游戏。

图形化编程一级与青少年学业存在以下适用性要求。

- 阅读能力要求：认识一定量的汉字并能够阅读简单的中文内容。

- 数学能力要求：掌握简单的整数四则运算；了解小数的概念；了解方向和角度的概念。
- 操作能力要求：掌握鼠标和键盘的使用方法。

5.2 核心知识点能力要求

图形化编程一级包括 14 个核心知识点，具体说明如表 A-2 所示。

表 A-2　图形化编程一级核心知识点及能力要求

编号	名　称	能 力 要 求
1	图形化编辑器的使用	了解图形化编程的基本概念、图形化编程平台的组成和常见功能，能够熟练使用一种图形化编程平台的基础功能
1.1	图形化编辑器的基本要素	掌握图形化编辑器的基本要素之间的关系。例：舞台、角色、造型、脚本之间的关系
1.2	图形化编辑器主要区域的划分及使用	掌握图形化编辑器的基本区域的划分及基本使用方法。例：了解舞台区、角色区、指令模块区、脚本区的划分；掌握如何添加角色、背景、音乐等素材
1.3	脚本编辑器的使用	掌握脚本编辑器的使用，能够拖曳指令模块拼搭成脚本和修改指令模块中的参数
1.4	编辑工具的基本使用	了解基本编辑工具的功能，能够使用基本编辑工具编辑背景、造型，以及录制和编辑声音
1.5	基本文件操作	了解基本的文件操作，能够使用功能组件打开、新建、命名和保存文件
1.6	程序的启动和停止	掌握使用功能组件启动和停止程序的方法。例：能够使用平台工具自带的开始和终止按钮启动与停止程序
2	常见指令模块的使用	掌握常见的指令模块，能够使用基础指令模块编写脚本实现相关功能
2.1	背景移动和变换	掌握背景移动和变换的指令模块，能够实现背景移动和变换。例：进行背景的切换
2.2	角色平移和旋转	掌握角色平移和旋转的指令模块，能够实现角色的平移和旋转
2.3	控制角色运动方向	掌握控制角色运动方向的指令模块，能够控制角色运动的方向
2.4	角色的显示、隐藏	掌握角色显示、隐藏的指令模块，能够实现角色的显示和隐藏
2.5	造型的切换	掌握造型切换的指令模块，能够实现造型的切换
2.6	设置角色的外观属性	掌握设置角色外观属性的指令模块，能够设置角色的外观属性。例：能够改变角色的颜色或者大小

附
录

续表

编　号	名　称	能　力　要　求
2.7	音乐或音效的播放	掌握播放音乐相关的指令模块，能够实现音乐的播放
2.8	侦测功能	掌握颜色、距离、按键、鼠标、碰到角色的指令模块，能够对颜色、距离、按键、鼠标、碰到角色进行侦测
2.9	输入、输出互动	掌握询问和答复指令模块，能够使用询问和答复指令模块实现输入、输出互动
3	二维坐标系基本概念	了解二维坐标系的基本概念
3.1	二维坐标的表示	了解用（x,y）表示二维坐标的方式
3.2	位置与坐标	了解 x、y 的值对坐标位置的影响。 例：了解当 y 值减少，角色在舞台上沿竖直方向下落
4	画板编辑器的基本使用	掌握画板编辑器的基本绘图功能
4.1	绘制简单角色造型或背景	掌握图形绘制和颜色填充的方法，能够进行简单角色造型或背景图案的设计。 例：使用画板设计绘制一个简单的人物角色造型
4.2	图形的复制及删除	掌握图形复制和删除的方法
4.3	图层的概念	了解图层的概念，能够使用图层来设计造型或背景
5	基本运算操作	了解运算相关指令模块，能够完成简单的运算和操作
5.1	算术运算	掌握加、减、乘、除运算指令模块，能够完成自然数的四则运算
5.2	关系运算	掌握关系运算指令模块，能够完成简单的数值比较。 例：判断游戏分数是否大于某个数值
5.3	字符串的基本操作	了解字符串的概念和基本操作，包括字符串的拼接和长度检测。 例：将输入的字符串"12"和"cm"拼接成"12cm"；或者判断输入字符串的长度是否是 11 位
5.4	随机数	了解随机数指令模块，能够生成随机的整数。 例：生成大小在 −200 到 200 之间的随机数
6	画笔功能	掌握抬笔、落笔、清空、设置画笔属性及印章指令模块，能够绘制出简单的几何图形。 例：使用画笔绘制三角形和正方形
7	事件	了解事件的基本概念，能够正确使用单击"开始"按钮、键盘按下、角色被单击事件。 例：利用方向键控制角色上、下、左、右移动
8	消息的广播与处理	了解广播和消息处理的机制，能够利用广播指令模块实现两个角色间的消息的单向传递

续表

编 号	名 称	能 力 要 求
8.1	定义广播消息	掌握广播消息指令模块，能够使用指令模块定义广播消息并合理命名
8.2	广播消息的处理	掌握收到广播消息指令模块，能够让角色接收对应消息并执行相关脚本
9	变量	了解变量的概念，能够创建变量并且在程序中简单使用。例：用变量实现游戏的计分功能，接苹果游戏中苹果碰到篮子一次得分加一
10	基本程序结构	了解顺序、循环、选择结构的概念，掌握三种结构组合使用编写简单程序
10.1	顺序结构	掌握顺序结构的概念，理解程序是按照指令顺序一步一步执行的
10.2	循环结构	了解循环结构的概念，掌握重复执行指令模块，实现无限循环和有次数的循环
10.3	选择结构	了解选择结构的概念，掌握单分支和双分支的条件判断
11	程序调试	了解调试的概念，能够通过观察程序的运行结果对简单程序进行调试
12	思维导图与流程图	了解思维导图和流程图的概念，能够使用思维导图辅助程序设计并识读简单的流程图
13	知识产权与信息安全	了解知识产权与信息安全的基本概念，具备初步的版权意识和信息安全意识
13.1	知识产权	了解知识产权的概念，尊重他人的劳动成果。例：在对他人的作品进行改编或者在自己的作品中使用他人的成果，要先征求他人同意
13.2	密码的使用	了解密码的用途，能够正确设置密码并对他人保密，保护自己的账号安全
14	虚拟社区中的道德与礼仪	了解在虚拟社区上与他人进行交流的基本礼仪，尊重他人的观点，礼貌用语

5.3 标准符合性规定

5.3.1 标准符合性总体要求

课程、教材与能力测试应符合本部分第 5 章的要求，本部分以下内容涉及的"一级"均指本部分第 5 章中规定的"一级"。

5.3.2　课程与教材的标准符合性

课程与教材的总体教学目标应不低于一级的综合能力要求，课程与教材的内容涵盖了一级的核心知识点，并且不低于各知识点的能力要求，则认为该课程或教材符合一级标准。

5.3.3　测试的标准符合性

青少年编程能力等级（图形化编程）一级测试包含了对一级综合能力的测试且不低于综合能力要求，测试题均匀覆盖了一级核心知识点并且难度不低于各知识点的能力要求。

用于交换和共享的青少年编程能力等级测试及试题应符合《信息技术　学习、教育和培训　测试试题信息模型》（GB/T 29802—2013）的规定。

5.4　能力测试形式与环境要求

青少年编程能力等级（图形化编程）一级测试应明确测试形式及测试环境，具体要求如表 A-3 所示。

表 A-3　图形化编程一级能力测试形式与环境要求

内　容	描　述
考试形式	客观题与主观编程创作两种题型，主观题分数占比不低于30%
考试环境	能够进行符合本部分要求的测试的图形化编程环境

6　图形化编程二级核心知识点及能力要求

6.1　综合能力及适用性要求

在一级能力要求的基础上，要求能够掌握更多编程知识和技能，能够根据实际问题的需求设计和编写程序，解决复杂问题，创作编程作品，具备一定的计算思维。

示例：设计一个春、夏、秋、冬四季多种农作物生长的动画，动画内容要求体现出每个季节场景中不同农作物生长状况的差异。

图形化编程二级综合能力要求如下。

- 编程技术能力：能够阅读并理解具有复杂逻辑关系的脚本，并能预测脚本的运行结果；能够使用基本调试方法对程序进行纠错和调试；能够合理地对程序注释。
- 应用能力：能够根据实际问题的需求设计和编写程序，解决复杂问题。
- 创新能力：能够根据给定的主题场景创作多个屏幕、多个场景和多个角色进行交互的动画和游戏作品。

图形化编程二级与青少年学业存在以下适用性要求。

- 程序能力要求：具备图形化编程一级所描述的适用性要求。
- 数学能力要求：掌握小数和角度的概念，了解负数的基本概念。
- 操作能力要求：熟练操作计算机，熟练使用鼠标和键盘。

6.2 核心知识点能力要求

青少年编程能力等级（图形化编程）二级包括 17 个核心知识点，具体说明如表 A-4 所示。

表 A-4 图形化编程二级核心知识点及能力要求

编 号	名 称	能 力 要 求
1	二维坐标系	掌握二维坐标系的基本概念
1.1	坐标系术语	了解 x 轴、y 轴、原点和象限的概念
1.2	坐标的计算	掌握坐标计算的方法，能够通过计算和坐标设置在舞台上精准定位角色
2	画板编辑器的使用	掌握画板编辑器的常用功能
2.1	图层的概念	掌握图层的概念，能够使用图层来设计造型或背景
3	运算操作	掌握运算相关指令模块，能够完成常见的运算和操作
3.1	算术运算	掌握算术运算的概念，能够完成常见的四则运算，向上或向下取整和四舍五入，并在程序中综合应用
3.2	关系运算	掌握关系运算的概念，能够完成常见的数据比较，并在程序中综合应用。 例：在账号登录的场景下，判断两个字符串是否相同，验证密码
3.3	逻辑运算	掌握"与""或""非"逻辑运算指令模块，能够完成逻辑判断
3.4	字符串操作	掌握字符串的基本操作，能够获取字符串中的某个字符，并能够检测字符串中是否包含某个子字符串
3.5	随机数	掌握随机数的概念，结合算术运算生成随机的整数或小数，并在程序中综合应用。 例：让角色等待 0 ~ 1 秒的任意时间
4	画笔功能	掌握画笔功能，能够结合算术运算、转向和平移绘制出丰富的几何图形。 例：使用画笔绘制五环或者正多边形组成的繁花图案等
5	事件	掌握事件的概念，能够正确使用常见的事件，并能够在程序中综合应用

附录

编号	名　称	能　力　要　求
6	消息的广播与处理	掌握广播和消息处理的机制，能够利用广播指令模块实现多角色间的消息传递。 例：当游戏失败时，广播失败消息通知其他角色停止运行
7	变量	掌握变量的用法，能够在程序中综合应用，实现所需效果。 例：用变量记录程序运行状态，根据不同的变量值执行不同的脚本；用变量解决如鸡兔同笼等数学问题
8	列表	了解列表的概念，掌握列表的基本操作
8.1	列表的创建、删除与显示或隐藏状态	掌握列表创建、删除和在舞台上显示/隐藏的方法，能够在程序中正确使用列表
8.2	添加、删除、修改和获取列表中的元素	掌握向列表中添加、删除元素，修改和获取特定位置的元素的指令模块
8.3	列表的查找与统计	掌握在列表中查找特定元素和统计列表长度的指令模块
9	函数	了解函数的概念和作用，能够创建和使用函数
9.1	函数的创建	了解创建函数的方法，能够创建无参数或有参数的函数，增加脚本的复用性
9.2	函数的调用	了解函数调用的方法，能够在程序中正确使用
10	计时器	掌握计时器指令模块，能够使用计时器实现时间统计功能，并能实现超时判断
11	克隆	了解克隆的概念，掌握克隆相关指令模块，能够让程序自动生成大量行为相似的克隆角色
12	注释	掌握注释的概念及必要性，能够为脚本添加注释
13	程序结构	掌握顺序、循环、选择结构，能够综合应用三种结构编写具有一定逻辑复杂性的程序
13.1	循环结构	掌握循环结构的概念、有终止条件的循环和嵌套循环结构
13.2	选择结构	掌握多分支的选择结构和嵌套选择结构的条件判断
14	程序调试	掌握程序调试，能够通过观察程序运行结果和变量的数值对 bug 进行定位，并对程序进行调试
15	流程图	掌握流程图的基本概念，能够使用流程图设计程序流程
16	知识产权与信息安全	了解知识产权与信息安全的概念和网络中常见的安全问题及应对措施
16.1	知识产权	了解不同版权协议的限制，能够在程序中正确使用版权内容。 例：在自己的作品中可以使用 CC 版权协议的图片、音频等，并通过作品介绍等方式向原创者致谢

续表

编 号	名 称	能 力 要 求
16.2	网络安全问题	了解计算机病毒、"钓鱼网站"、木马程序的危害和相应的防御手段。 例：定期更新杀毒软件及进行系统检测，不轻易点开别人发送的链接等
17	虚拟社区中的道德与礼仪	了解虚拟社区中的道德与礼仪，能够在网络上与他人正常交流
17.1	信息搜索	了解信息搜索的方法，能够在网络上搜索信息，理解网络信息的真伪及优劣
17.2	积极健康的互动	了解在虚拟社区上与他人交流的礼仪，能够在社区上积极主动地与他人交流，乐于帮助他人和分享自己的作品

6.3　标准符合性规定

6.3.1　标准符合性总体要求

课程、教材与能力测试应符合本部分第 6 章的要求，本部分以下内容涉及的"二级"均指本部分第 6 章中规定的"二级"。

6.3.2　课程与教材的标准符合性

课程与教材的总体教学目标不低于二级的综合能力要求，课程与教材的内容涵盖了二级的核心知识点，并且不低于各知识点的能力要求，则认为该课程或教材符合二级标准。

6.3.3　测试的标准符合性

青少年编程能力等级（图形化编程）二级测试包含了对二级综合能力的测试且不低于综合能力要求，测试题均覆盖了二级核心知识点并且难度不低于各知识点的能力要求。

用于交换和共享的青少年编程能力等级测试及试题应符合《信息技术　学习、教育和培训　测试试题信息模型》（GB/T 29802—2013）的规定。

6.4　能力考试形式与环境要求

青少年编程能力等级（图形化编程）二级测试应明确测试形式及测试环境，具体要求如表 A-5 所示。

附录

表 A-5　图形化编程二级能力考试形式及环境要求

内　容	描　述
考试形式	客观题与主观编程创作两种题型，主观题分值占比不低于 30%
考试环境	能够进行符合本部分要求的测试的图形化编程环境

7　图形化编程三级核心知识点及能力要求

7.1　综合能力及适用性要求

在二级能力要求的基础上，要求能够综合应用所学的编程知识和技能，合理地选择数据结构和算法，设计和编写程序解决实际问题，完成复杂项目，具备良好的计算思维和设计思维。

示例：设计雪花飘落的动画，展示多种雪花的细节，教师引导学生观察雪花的一个花瓣，发现雪花的每一个花瓣都是一个树状结构。这个树状结构具有分形的特征，可以使用递归的方式绘制出来。

图形化编程三级综合能力要求如下。

- 编程技术能力：能够阅读并理解复杂程序，并能对程序的运行及展示效果进行预测；能够熟练利用多种调试方法对复杂程序进行纠错和调试。
- 应用能力：能够合理利用常用算法进行简单数据处理；具有分析、解决复杂问题的能力，在解决问题的过程中体现出一定的计算思维和设计思维。
- 创新能力：能够根据项目需求发散思维，结合多领域、多学科知识，从人机交互、动画表现等方面进行设计创作，完成多屏幕、多场景和多角色进行交互的复杂项目。

图形化编程三级与青少年学业存在以下适用性要求。

- 前序能力要求：具备图形化编程一级、二级所描述的适用性要求。
- 数学能力要求：了解概率的概念。

7.2　核心知识点能力要求

青少年编程能力等级（图形化编程）三级包括 14 个核心知识点，具体说明如表 A-6 所示。

表 A-6　图形化编程三级核心知识点及能力要求

编号	名　称	能 力 要 求
1	列表	掌握列表数据结构，能够使用算法完成数据处理和使用个性化索引建立结构化数据

编 号	名 称	能 力 要 求
2	函数	掌握带返回值的函数的创建与调用
3	克隆	掌握克隆的高级功能，能够在程序中综合应用。 例：克隆体的私有变量
4	常用编程算法	掌握常用编程算法，能够对编程算法产生兴趣
4.1	排序算法	掌握冒泡、选择和插入排序的算法，能够在程序中实现相关算法，实现列表数据排序
4.2	查找算法	掌握遍历查找及列表的二分查找算法，能够在程序中实现相关算法并进行数据查找
5	递归调用	掌握递归调用的概念，能够使用递归调用解决相关问题
6	人工智能基本概念	了解人工智能的基本概念，能够使用人工智能相关指令模块实现相应功能，体验人工智能。 例：使用图像识别指令模块完成人脸识别；使用语音识别或语音合成指令模块
7	数据可视化	掌握绘制折线图和柱状图的方法
8	项目分析	掌握项目分析的基本思路和方法
8.1	需求分析	了解需求分析的概念和必要性，能够从用户的角度进行需求分析
8.2	问题拆解	掌握问题拆解的方法，能够对问题进行分析及抽象，拆解为若干编程可解决的问题
9	角色造型及交互设计	掌握角色造型和交互设计的技巧
9.1	角色的造型设计	掌握角色造型设计的技巧，能够针对不同类型角色设计出合适的形象和动作
9.2	程序的交互逻辑设计	掌握程序交互逻辑设计的技巧，能够根据情境需求，选择合适的人机交互方式设计较丰富的角色间的互动行为
10	程序模块化设计	了解程序模块化设计的思想，能够根据角色设计确定角色功能点，综合应用已掌握的编程知识与技能，对多角色程序进行模块化设计。 例：将实现同一功能的脚本放在一起，便于理解程序逻辑
11	程序调试	掌握参数输出等基本程序调试方法，能够有意识地设计程序断点。 例：通过打印出的程序运行参数快速定位错误所处的角色及脚本
12	流程图	掌握流程图的概念，能够绘制流程图，使用流程图分析和设计程序、表示算法
13	知识产权与信息安全	掌握知识产权和信息安全的相关知识，具备良好的知识产权和信息安全意识
13.1	版权保护的利弊	了解国内外版权保护的现状，讨论版权保护对创新带来的影响

附录

编　号	名　称	能　力　要　求
13.2	信息加密	了解一些基本的加密手段，以此来了解网络中传输的信息是如何被加密保护的
14	虚拟社区中的道德与礼仪	掌握虚拟社区中的道德与礼仪，具备一定的信息鉴别能力，能够通过信息来源等鉴别网络信息的真伪。 例：区分广告与有用信息，不散播错误信息，宣扬正能量

7.3　标准符合性规定

7.3.1　标准符合性总体要求

课程、教材与能力测试应符合本部分第 7 章的要求，本部分以下内容涉及的"三级"均指本部分第 7 章中规定的"三级"。

7.3.2　课程与教材的标准符合性

课程与教材的总体教学目标不低于三级的综合能力要求，课程与教材的内容涵盖了三级的核心知识点，并且不低于各知识点的能力要求，则认为该课程或教材符合三级标准。

7.3.3　测试的标准符合性

青少年编程能力等级（图形化编程）三级测试包含了对三级综合能力的测试且不低于综合能力要求，测试题均匀覆盖了三级核心知识点并且难度不低于各知识点的能力要求。

用于交换和共享的青少年编程能力等级测试及试题应符合《信息技术　学习、教育和培训　测试试题信息模型》（GB/T 29802—2013）的规定。

7.4　能力考试形式与环境要求

青少年编程能力等级（图形化编程）三级测试应明确测试形式及测试环境，具体要求如表 A-7 所示。

表 A-7　图形化编程三级能力考试形式及环境要求

内　容	描　述
考试形式	客观题与主观编程创作两种题型，主观题分值占比不低于 40%
考试环境	能够进行符合本部分要求的测试的图形化编程环境

附录B
真题演练及参考答案

1. 扫描二维码下载文件：真题演练

2. 扫描二维码下载文件：参考答案